绿色丝绸之路资源环境承载力国别评价与适应策略

# 绿色丝绸之路：
## 土地资源承载力评价

杨艳昭　封志明　张　超等　著

科学出版社

北　京

# 内 容 简 介

本书从土地资源供需平衡关系入手，建立了一套具有平衡态意义的土地资源承载力评价方法与技术体系；由国家、地区到丝路全域，定量分析了绿色丝绸之路共建国家和地区的土地资源供给能力和食物消费水平；从人粮平衡到人地平衡，从土地资源承载力、承载密度到承载状态，系统揭示了丝绸之路共建国家土地资源承载力及其时序变化规律，并针对重点区域和国别提出土地资源承载力谐适策略和提升路径，为绿色丝绸之路建设提供科学依据和前瞻性建议。

本书可供从事人口、资源、环境与发展研究、区域发展与世界地理研究等方向的科研人员、管理人员和研究生等查阅参考。

审图号：GS 京（2023）1800 号

图书在版编目（CIP）数据

绿色丝绸之路：土地资源承载力评价/杨艳昭等著.—北京：科学出版社，2024.3

ISBN 978-7-03-075253-6

Ⅰ.①绿… Ⅱ.①杨… Ⅲ.①丝绸之路–生态环境保护–研究 ②土地资源–环境承载力–研究 Ⅳ.①X321.2

中国国家版本馆 CIP 数据核字(2023)第 047522 号

责任编辑：石 珺 马珺荻 / 责任校对：郝甜甜
责任印制：徐晓晨 / 封面设计：蓝正设计

科 学 出 版 社 出版
北京东黄城根北街 16 号
邮政编码：100717
http://www.sciencep.com
北京建宏印刷有限公司印刷
科学出版社发行 各地新华书店经销
*
2024 年 3 月第 一 版 开本：787×1092 1/16
2024 年 3 月第一次印刷 印张：11 1/2
字数：282 000
定价：**168.00 元**
（如有印装质量问题，我社负责调换）

# 总　序

"绿色丝绸之路资源环境承载力国别评价与适应策略"是中国科学院 A 类战略性先导科技专项"泛第三极环境变化与绿色丝绸之路建设"之项目"绿色丝绸之路建设的科学评估与决策支持方案"的第二研究课题（课题编号 XDA20010200）。该课题旨在面向绿色丝绸之路建设的国家需求，科学认识共建"一带一路"国家资源环境承载力承载阈值与超载风险，定量揭示共建绿色丝绸之路国家水资源承载力、土地资源承载力和生态承载力及其国别差异，研究提出重要地区和重点国家的资源环境承载力适应策略与技术路径，为国家更好地落实"一带一路"倡议提供科学依据和决策支持。

"绿色丝绸之路资源环境承载力国别评价与适应策略"研究课题面向共建绿色丝绸之路国家需求，以资源环境承载力基础调查与数据集为基础，由人居环境自然适宜性评价与适宜性分区，到资源环境承载力分类评价与限制性分类，再到社会经济发展适宜性评价与适应性分等，最后集成到资源环境承载力综合评价与警示性分级，由系统集成到国别应用，递次完成共建绿色丝绸之路国家资源环境承载力国别评价与对比研究，以期为绿色丝绸之路建设提供科技支撑与决策支持。课题主要包括以下研究内容。

（1）子课题 1，水土资源承载力国别评价与适应策略。科学认识水土资源承载阈值与超载风险，定量揭示共建绿色丝绸之路国家水土资源承载力及其国别差异，研究提出重要地区和重点国家的水土资源承载力适应策略与增强路径。

（2）子课题 2，生态承载力国别评价与适应策略。科学认识生态承载阈值与超载风险，定量揭示共建绿色丝绸之路国家生态承载力及其国别差异，研究提出重要地区和重点国家的生态承载力谐适策略与提升路径。

（3）子课题 3，资源环境承载力综合评价与系统集成。科学认识资源环境承载力综合水平与超载风险，完成共建绿色丝绸之路国家资源环境承载力综合评价与国别报告；建立资源环境承载力评价系统集成平台，实现资源环境承载力评价的流程化和标准化。

课题主要创新点体现在以下 3 个方面。

（1）发展资源环境承载力评价的理论与方法：突破资源环境承载力从分类到综合的阈值界定与参数率定技术，科学认识共建绿色丝绸之路国家的资源环境承载力阈值及其超载风险，发展资源环境承载力分类评价与综合评价的技术方法。

（2）揭示资源环境承载力国别差异与适应策略：系统评价共建绿色丝绸之路国家资源环境承载力的适宜性和限制性，完成绿色丝绸之路资源环境承载力综合评价与国别报告，提出资源环境承载力重要廊道和重点国家资源环境承载力适应策略与政策建议。

（3）研发资源环境承载力综合评价与集成平台：突破资源环境承载力评价的数字化、空间化和可视化等关键技术，研发资源环境承载力分类评价与综合评价系统以及国别报告编制与更新系统，建立资源环境承载力综合评价与系统集成平台，实现资源环境承载力评价的规范化、数字化和系统化。

"绿色丝绸之路资源环境承载力国别评价与适应策略"课题研究成果集中反映在"绿色丝绸之路资源环境承载力国别评价与适应策略"系列专著中。专著主要包括《绿色丝绸之路：人居环境适宜性评价》《绿色丝绸之路：水资源承载力评价》《绿色丝绸之路：生态承载力评价》《绿色丝绸之路：土地资源承载力评价》《绿色丝绸之路：资源环境承载力综合评价与系统集成》等理论方法和《老挝资源环境承载力评价与适应策略》《孟加拉国资源环境承载力评价与适应策略》《尼泊尔资源环境承载力评价与适应策略》《哈萨克斯坦资源环境承载力评价与适应策略》《乌兹别克斯坦资源环境承载力评价与适应策略》《越南资源环境承载力评价与适应策略》等国别报告。基于课题研究成果，专著从资源环境承载力分类评价到综合评价，从水土资源到生态环境，从资源环境承载力评价理论到技术方法，从技术集成到系统研发，比较全面地阐释了资源环境承载力评价的理论与方法论，定量揭示了共建绿色丝绸之路国家的资源环境承载力及其国别差异。

希望"绿色丝绸之路资源环境承载力国别评价与适应策略"系列专著的出版能够对资源环境承载力研究的理论与方法论有所裨益，能够为国家和地区推动绿色丝绸之路建设提供科学依据和决策支持。

封志明

中国科学院地理科学与资源研究所

2020 年 10 月 31 日

# 序

"一带一路"是中国国家主席习近平提出的新型国际合作倡议，为全球治理体系的完善和发展提供了新思维与新选择，成为共建国家携手打造人类命运共同体的重要实践平台。气候和环境贯穿人类与人类文明的整个发展历程，是"一带一路"倡议重点关注的主题之一。由于共建地区具有复杂多样的地理、地质、气候条件、差异巨大的社会经济发展格局、丰富的生物多样性，以及独特但较为脆弱的生态系统，"一带一路"建设必须贯彻新发展理念，走生态文明之路。

当今气候变暖影响下的环境变化是人类普遍关注和共同应对的全球性挑战之一。以青藏高原为核心的"第三极"和以"第三极"及向西扩展的整个欧亚高地为核心的"泛第三极"正在由于气候变暖而发生重大环境变化，成为更具挑战性的气候环境问题。首先，这个地区的气候变化幅度远大于周边其他地区；其次，这个地区的环境脆弱，生态系统处于脆弱的平衡状态，气候变化引起的任何微小环境变化都可能引起区域性生态系统的崩溃；最后，也是最重要的，这个地区是连接亚欧大陆东西方文明的交会之处，是2000多年来人类命运共同体的连接纽带，与"一带一路"建设范围高度重合。因此，"第三极"和"泛第三极"气候环境变化同"一带一路"建设密切相关，深入研究"泛第三极"地区气候环境变化，解决重点地区、重点国家和重点工程相关的气候环境问题，将为打造绿色、健康、智力、和平的"一带一路"提供坚实的科技支持。

中国政府高度重视"一带一路"建设中的气候与环境问题，提出要将生态环境保护理念融入绿色丝绸之路的建设中。2015 年 3 月，中国政府发布的《推动共建丝绸之路经济带和 21 世纪海上丝绸之路的愿景与行动》明确提出，"在投资贸易中突出生态文明理念，加强生态环境、生物多样性和应对气候变化合作，共建绿色丝绸之路"。2016 年8 月，在推进"一带一路"建设的工作座谈会上，习近平总书记强调，"要建设绿色丝绸之路"。2017 年 5 月，《"一带一路"国际合作高峰论坛圆桌峰会联合公报》提出"加强环境、生物多样性、自然资源保护、应对气候变化、抗灾、减灾、提高灾害风险管理能力、促进可再生能源和能效等领域合作"，实现经济、社会、环境三大领域的综合、平衡、可持续发展。2017 年 8 月，习近平总书记在致第二次青藏高原综合科学考察研究队的贺信中，特别强调了聚焦水、生态、人类活动研究和全球生态环境保护的重要性与紧迫性。2009 年以来，中国科学院组织开展了"第三极环境"（Third Pole Environment，TPE）国际计划，联合相关国际组织和国际计划，揭示"第三极"地区气候环境变化及其影响，提出适应气候环境变化的政策和发展战略建议，为各级政府制定长期发展规划提供科技支撑。中国科学院深入开展了"一带一路"建设及相关规划的科技支撑研究，同时在丝绸之路共建国家建设了 15 个海外研究中心和海外科教中心，成为与丝绸之路共建国家开展深度科技合作的重要平台。2018 年 11 月，中国科学院牵头成立了"一带一路"国际科学组织联盟（ANSO），首批成员包括近 40 个国家的国立科学机构和大学。

2018 年 9 月中国科学院正式启动了 A 类战略性先导科技专项"泛第三极环境变化与绿色丝绸之路建设"（简称"丝路环境"专项）。"丝路环境"专项将聚焦水、生态和人类活动，揭示"泛第三极"地区气候环境变化规律和变化影响，阐明绿色丝绸之路建设的气候环境背景和挑战，提出绿色丝绸之路建设的科学支撑方案，为推动"第三极"地区和"泛第三极"地区可持续发展、推进国家和区域生态文明建设、促进全球生态环境保护做出贡献，为"一带一路"共建国家生态文明建设提供有力支撑。

"绿色丝绸之路资源环境承载力国别评价与适应策略"系列是"丝路环境"专项重要成果的表现形式之一，将系统地展示"第三极"和"泛第三极"气候环境变化与绿色丝绸之路建设的研究成果，为绿色丝绸之路建设提供科技支撑。

中国科学院原院长、原党组书记

2019 年 3 月

# 前　言

本书是中国科学院 A 类战略性先导科技专项"泛第三极环境变化与绿色丝绸之路建设"(简称"丝路环境"专项)课题"绿色丝绸之路资源环境承载力国别评价与适应策略"的主要研究成果之一。土地资源承载力是在自然生态环境不受危害并维系良好的生态系统前提下,一定地域空间的土地资源所能承载的人口规模。土地资源承载力评价是明晰资源环境底线、厘定资源环境承载上线、确定区域发展路线的重要方面。

本书从土地资源的供给能力和膳食营养需求着手,由人粮平衡到人地平衡,建立了一套具有平衡态意义的土地资源承载力评价技术方法体系,由国家、地区到丝路全域,定量揭示绿色丝绸之路的 65 个共建国家和地区的土地资源承载力及其地域特征,针对重点区域和国别提出土地资源承载力的增强策略和提升路径,试图为绿色丝绸之路建设提供科学依据和前瞻性建议。

本书共 8 章。第 1 章,扼要说明研究背景、研究内容与主要结论。第 2 章,从土地资源承载力的源起到国内外进展,系统梳理土地资源承载力研究的现状。第 3 章,主要从社会经济整体水平与农业发展状况等方面分析绿色丝绸之路共建国家和地区的基本状况。第 4 章,从全域水平到分区尺度再到国别格局,揭示丝路不同尺度食物产量变化特征与地域格局,探讨丝路共建国家土地资源供给能力的地域模式。第 5 章,从食物消费到膳食水平,刻画丝路共建国家居民食物消费水平与地域特征,探讨丝路共建国家食物消费模式与变化特征。第 6 章,从粮食供给与需求的平衡关系出发,从全域水平到分区尺度再到国别格局,定量揭示不同国家和地区的耕地资源承载力。第 7 章,从土地资源的供给与食物需求的平衡关系出发,从全域水平到分区尺度再到国别格局,定量揭示不同共建国家和地区的土地资源承载力。第 8 章,面向丝路不同共建国家和地区的土地资源承载力及其变化,提出不同地区土地资源承载力增强策略与提升路径。

本书由课题负责人杨艳昭拟定大纲、组织撰写,全书统稿、审定由封志明、杨艳昭负责完成。各章执笔人如下:第 1 章,封志明、杨艳昭;第 2 章,封志明、李鹏、王露;第 3 章,贾琨、王露;第 4 章,刘莹、贾琨、郎婷婷;第 5 章,宋欣哲、杨艳昭;第 6 章,杨艳昭、张超;第 7 章,封志明、张超、杨艳昭;第 8 章,张超、杨艳昭、望元庆;附图由望元庆、张超负责编绘。读者有任何问题、意见和建议欢迎写邮件反馈到 yangyz@igsnrr.ac.cn 或 zhangc.18b@igsnrr.ac.cn,作者会认真考虑、及时修正。

本书的撰写和出版,得到了课题承担单位中国科学院地理科学与资源研究所的全额资助和大力支持，在此表示衷心感谢。要特别感谢课题组的诸位同仁：杨小唤、甄霖、贾绍凤、刘高焕、闫慧敏、蔡红艳、黄翀、付晶莹、胡云锋、姜鲁光等。没有大家的支持和帮助，就不可能出色地完成任务；也要感谢科学出版社的编辑，没有他们的大力支持和认真负责，就不可能及时出版这一科技专著。

最后，希望本书的出版，能为"一带一路"倡议实施和绿色丝绸之路建设做出贡献，能为促进人口与资源环境协调发展提供有益的决策支持和积极的政策参考。

杨艳昭

2022 年 9 月 10 日

# 摘 要

《绿色丝绸之路：土地资源承载力评价》是中国科学院"丝路环境"专项课题"绿色丝绸之路资源环境承载力国别评价与适应策略"的主要研究成果之一。绿色丝绸之路土地资源承载力评价是资源环境承载力综合评价的一项基础性研究工作,旨在通过人粮关系和人地关系的土地资源承载力评价,从国家、地区到丝路全域,定量揭示不同国家和地区的土地资源承载力与承载状态,为提升区域土地资源承载力提供科学依据和决策支持。

本书共 8 章。在介绍绿色丝绸之路(简称"丝路")共建国家和地区社会经济和农业发展概况的基础上,从土地资源的供给能力和食物消费水平入手,由人粮平衡到人地平衡,从国家、地区到丝路全域,从不同尺度定量揭示丝路共建国家和地区的土地资源承载力水平及国别差异,提出不同地区土地资源承载力的增强策略和建议。

本书基本观点和主要结论如下:

(1) 丝路共建国家食物供给能力评价表明,1995～2018 年,丝路共建国家食物生产向好发展,生产规模逐渐扩大,土地资源供给能力不断增强。受土地资源禀赋、气候条件等因素影响,丝路共建国家各类食物总产量空间差异显著。

(2) 丝路共建国家食物消费与热量水平评价表明,1995～2018 年,丝路共建国家多数食物消费数量有所增加,蔬菜、谷物、海洋产品、淡水产品消费均高于全球一般水平。谷物、薯类等淀粉类食物热量供给比有所下降,膳食营养质量逐渐改善,热量水平逐渐达到并高于全球水平。

(3) 基于人粮平衡的耕地资源承载力评价表明,1995～2018 年,丝路共建国家耕地资源承载力逐渐增强,可载人数增至 45.30 亿人,承载密度增至 660 人/km² 水平,承载指数降至 1.05,人粮关系向好发展,耕地资源临界超载。丝路不同共建国家和地区耕地资源承载力差异显著,东南亚地区相对较强,西亚及中东、中亚地区耕地资源承载力普遍较低。丝路近 1/2 共建国家耕地资源承载力超载,岛屿与半岛国家和地区、气候干旱的农业生产力较低国家和地区,粮食短缺问题较为突出。

(4) 基于人地平衡的土地资源承载力评价表明,1995～2018 年,丝路共建国家和地区土地资源承载力逐渐增强,可载人口增至 48.70 亿人,承载密度增至 245 人/km² 水平,承载指数降至 0.97,人地关系状态略优于人粮关系状态。现阶段,不同国家和地区土地资源承载状态不尽相同,中东欧、中蒙俄和东南亚国家和地区土地资源承载力多数盈余,西亚、中东国家、岛屿与半岛国家和地区的土地资源承载力多处于超载状态。

# 目　　录

# 第1章 绪 论

　　绿色丝绸之路共建国家和地区的土地资源承载力评价隶属"绿色丝绸之路资源环境承载力国别评价与适应策略"（XDA20010200）研究课题，是中国科学院战略性先导科技专项（A 类）"泛第三极环境变化与绿色丝绸之路建设"（简称"丝路环境"专项）下设课题的重要研究内容之一。绿色丝绸之路共建国家和地区的土地资源承载力评价是一项基础性、应用性的研究工作。本书是绿色丝绸之路共建国家和地区的土地资源承载力评价研究成果的综合反映和集成表达。本章将扼要阐明研究背景、科技专著内容和主要结论。

## 1.1　研究背景与研究目的

### 1.1.1　研究背景

　　（1）"一带一路"是实现区域协同发展与世界共同繁荣的国际合作平台。2013 年 9 月和 10 月，中国国家主席习近平在出访中亚和东南亚国家期间，先后提出共建"丝绸之路经济带"和"21 世纪海上丝绸之路"（即"一带一路"）的重大倡议，得到了国际社会的高度关注。"一带一路"倡议的提出和实施，是中国为推动经济全球化深入发展而提出的国际区域经济合作新模式，不仅将对中国社会经济发展与全面对外开放产生深远的历史影响，而且也会对共建国家的经济发展产生积极的带动作用，并对国际经济格局变化产生推动作用（刘卫东，2015）。"一带一路"倡议的提出和实施，有助于实现联合国 2030 年可持续发展目标，推动构建人类命运共同体；有助于探索后金融危机时代全球经济治理模式，引领包容性的全球化新时代；有助于推动中国深化改革开放，建立全方位的对外开放新格局。加快"一带一路"建设尤其是其高质量发展的关键领域——绿色丝绸之路建设，有利于促进各共建国家经济繁荣与区域经济合作，加强不同文明的交流互鉴，促进世界和平发展，这是一项造福各国人民的伟大事业（和音，2022）。

　　（2）科学认识共建国家和地区的资源环境承载力是打造绿色丝绸之路的重要科学基础。"绿色丝绸之路"（简称"丝路"）共建地区多为发展中国家，经济发展差距较大。虽然资源丰富，但是生态环境复杂多样、脆弱敏感。"一带一路"建设，须在促进各共建国家社会经济发展的同时，减少发展对自然生态环境的影响。

　　资源环境承载力是区域人口与资源环境在不同时空尺度相互作用的表征，资源环境承载状态是区域开发潜力和开发风险的重要影响因素之一。"一带一路"共建国家和地区资源禀赋与社会经济发展的差异，造成了不同国家之间资源环境承载状态存在一定的差异。这种差异决定了各国不可能走相同的发展道路，需要依据资源环境承载状态进行可持续发展路径的选择。系统开展共建国家和地区资源环境承载力评价，客观揭示不同国家和地区资源承载力的限制性，摸清资源环境承载"上限"，可以为共建国家和地区进行绿色发展提供科学依据。

（3）土地资源承载力评价是科学认识绿色丝绸之路共建国家和地区资源环境承载力的重要内容。资源环境承载力是从分类到综合的资源承载力与环境承载力（容量）的统称。从评价主体看，资源环境承载力研究既包括单项分类研究，也包括综合集成研究。狭义地讲，资源环境承载力是指在自然生态环境不受危害并维系良好的生态系统前提下，一定地域空间的资源禀赋和环境容量所能承载的人口与经济规模。

土地资源是人类赖以生存和发展的自然资源，20 世纪初期，随着土地、粮食与人口之间矛盾的加剧，土地生产能力与人类粮食需求能否平衡成为国际焦点。以现有土地可承载多少人口为着眼点，土地资源承载力成为资源环境承载力研究中较早开始且最为核心的研究领域之一。绿色丝绸之路共建国家和地区土地资源利用特征、食物生产能力差异较大。开展绿色丝绸之路共建国家和地区土地资源承载力评价，不仅可以科学认识共建国家和地区的土地资源承载力及其超载风险，为绿色丝绸之路建设提供科学依据，也将为丝路共建国家和地区的资源环境承载力评估提供科学基础，是科学认识丝路共建国家和地区资源环境承载力的重要内容。

## 1.1.2 研究目的

"绿色丝绸之路资源环境承载力国别评价与适应策略"研究课题的总目标是面向绿色丝绸之路建设的重大国家战略需求，科学认识绿色丝绸之路共建国家和地区资源环境承载力承载阈值与超载风险，定量揭示共建国家和地区的水资源承载力、土地资源承载力和生态承载力及其国别差异，研究提出重要地区和重点国家的资源环境承载力适应策略与技术路径，为"一带一路"倡议提供科学依据和决策支持。

根据整体研究目标，研究内容遵循"总—分—综"的基本原则，分解为 3 项研究内容（图 1-1）。其中，内容 1 和内容 2 分别从水资源承载力、土地资源承载力和生态环境承载力等主要资源环境类别入手，开展资源环境承载力分类评价，以揭示水土资源和生态环境承载力限制性与国别差异。内容 3 从分类到综合，开展人居环境适宜性、社会经济限制性，以及资源环境承载力综合评价；集成资源环境承载力区域综合评价与系统，既承担资源环境承载力综合评价任务，又承担系统集成与成果集成角色。

土地资源承载力评价是资源环境承载力分类评价的重要研究内容，也是综合评价的重要基础。研究旨在面向绿色丝绸之路建设的国家战略需求，科学认识绿色丝绸之路土地资源承载力承载阈值与超载风险，定量揭示土地资源承载力及其国别差异，提出重点地区和重点国家的土地资源承载力适应路径与适应策略，以期为"一带一路"建设提供科学依据和决策支持。

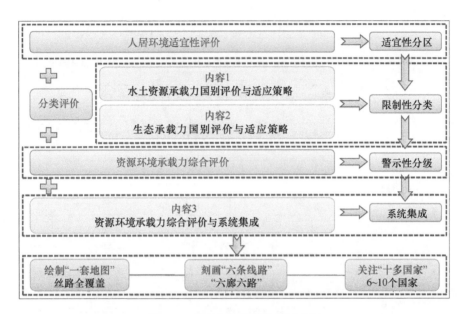

图 1-1 研究内容逻辑关系示意图

## 1.2 研究思路与技术方法

### 1.2.1 研究思路

"绿色丝绸之路资源环境承载力国别评价与适应策略"研究的整体思路是以绿色丝绸之路共建国家和地区的资源环境承载力基础调查与人居环境适宜性评价为研究基础，遵循"基础调查—纵向分解—横向综合—系统集成—国别应用"的递进式技术路线，由基础调查到适宜性分区，由分类评价到限制性分类，由综合评价到警示性分级，由系统集成到国别应用，递次完成共建国家和地区"适宜性分区—限制性分类—适应性分等—警示性分级"的资源环境承载力国别评价与对比研究。总体研究的技术路线如图 1-2 所示。

具体到绿色丝绸之路土地资源承载力评价，其研究的思路是：首先，从土地资源供需平衡关系出发，对丝路共建国家和地区的土地资源供给能力和需求水平进行评价；在此基础上，建立具有平衡态意义的土地资源承载力评价模型，从人粮平衡到人地平衡，从土地资源承载力、承载密度到承载状态，从国家、地区到丝路全域，对丝路共建国家和地区的土地资源承载力进行了评价；最后，针对重点区域和国别提出土地资源承载力谐适策略和提升路径（图 1-3）。

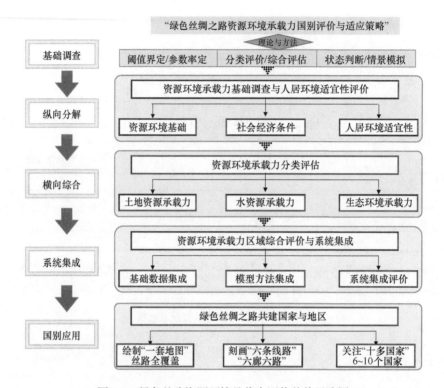

图 1-2　绿色丝路资源环境承载力评价总体思路图

（1）从食物供给端出发，研究丝路共建国家和地区食物生产的时空格局。基于联合国粮农组织（Food and Agriculture Organization of the United Nations，FAO）等的数据库资料，从实物量（12 大类、180 小类）到营养当量（热量），开展丝路共建国家食物生产规模和人均占有水平等维度研究，揭示 1995～2018 年丝路共建国家和地区食物供给水平的时空格局特征及其变化规律。

（2）从消费端出发，研究丝路共建国家和地区食物消费变化的时空格局。基于统计资料，分析丝路共建国家食物消费水平（12 大类）及膳食营养（热量）特征，揭示 1995～2018 年丝路共建国家和地区食物消费结构、膳食营养水平与变化规律。

（3）从人粮平衡关系出发，建立基于人粮平衡的耕地资源承载力评价模型，系统评价丝路共建国家和地区的耕地资源承载力、承载密度与承载状态，定量揭示 1995～2018 年共建国家和地区的耕地资源承载力及其地域差异。

（4）从人地平衡关系出发，建立基于人地平衡的土地资源承载力评价模型，系统评价丝路共建国家和地区的土地资源承载力、承载密度与承载状态，定量揭示 1995～2018 年共建国家和地区的土地资源承载力及其地域差异。

（5）基于共建国家土地资源承载力评价与社会经济发展态势，针对重点区域和国别的资源环境承载状态，提出土地资源承载力的适应策略和提升路径。

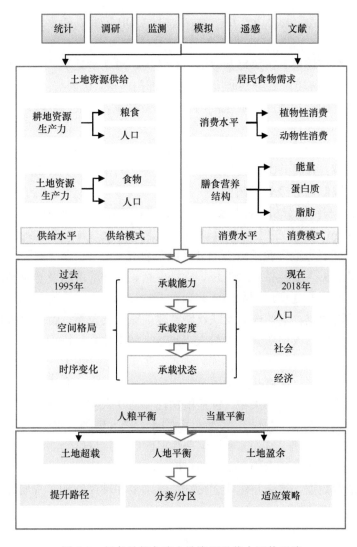

图 1-3　绿色丝绸之路土地资源承载力评价思路

## 1.2.2　技术方法

　　绿色丝绸之路共建国家和地区的土地资源承载力评价的数据主要源于联合国粮农组织（FAO）统计司与世界银行等公开发布的统计数据。研究中首先对丝路共建国家的统计数据进行了收集与整理（表 1-1），并对重点国家和地区进行考察与访谈，补充获取相关资料；随后建立土地资源承载力评价的模型与技术方法，确立主要的评价指标，界定关键参数及其阈值；最后，结合 GIS 等技术，探讨共建国家土地资源承载力的时空格局与分类方案。具体分析方法如下：

　　（1）统计数据收集与整理。研究从土地资源生产和消费两个角度，系统收集和整理联合国、世界银行等相关部门的统计、遥感、监测等多源数据，建立涵盖土地资源利用、粮食生产与消费、食物贸易、畜产品产量、人口、GDP 等要素的土地资源承载力评价数据集；

（2）实地调查与访谈。在丝路共建国家和地区，对地形地貌、气候气象、水文水资源、植被土壤等资源环境开展考察研究。通过与部门座谈、访谈与问卷调研等多种形式，深入了解重点共建国家和地区农业生产与食物消费状况，为资源环境承载力关键参数率定提供支持。

（3）模型建立与应用。从人粮平衡到人地平衡，建立土地资源承载力、承载密度与承载状态评价模型；开展关键参数与指标的阈值界定与率定研究；提出土地资源承载指数等重要指标的限制性分级分类阈值。

（4）分区评价与空间分析。从国家、地区到丝路全域，基于地理信息系统（geographic information system，GIS）的空间分析等技术，定量评价共建国家和地区的土地资源承载力的限制性，开展土地资源承载力的分区分类研究。

本书使用的数据主要包括社会经济、食物生产、食物消费以及基础地理数据和相应参数。具体数据来源及处理过程如下：

（1）社会经济数据。主要选取反映丝路共建国家社会发展，特别是人口特征与农业发展水平的指标，包括人口数量、农村人口数量、城市化率、国内生产总值、农业增加值等，数据主要来源于世界银行数据库。

（2）食物生产数据。丝路共建地区食物生产条件差异大，食物种类众多，本书选取丝路共建国家生产的主要食物类型，包括植物性食物 9 大类（谷物、薯类、糖料、豆类、坚果、油料、蔬菜、水果、香料）；动物性食物 4 大类（肉类、蛋类、奶类和蜂蜜），共计 180 种。数据来源主要为 FAO 食物生产数据库。在热量供给测算过程中还使用到不同种类食物的热量参数，均来自 FAO 统计司。

（3）食物消费数据。丝路共建地区食物数量水平和种类结构差异明显，本书选取丝

表 1-1  主要数据及来源

| 数据类型 | 内容 | 来源 | 网址 |
|---|---|---|---|
| 食物生产 | 食物产量数据 | FAO | http://www.fao.org/faostat/zh/#home |
|  | 化肥施用量 | World Bank | https://www.shihang.org/ |
| 食物消费 | 食物消费量 | FAO | http://www.fao.org/faostat/zh/#home |
|  | 营养素消费量 | FAO | http://www.fao.org/faostat/zh/#home |
| 资源基础 | 耕地面积 | FAO | http://www.fao.org/faostat/zh/#home |
|  | 农用地面积 | FAO | http://www.fao.org/faostat/zh/#home |
|  | 人均耕地面积 | World Bank | https://www.shihang.org/ |
| 人口/经济数据 | 人口数量 | UNPD | https://population.un.org/wup/Download/ |
|  | 农村人口 | World Bank | https://www.shihang.org/ |
|  | 人均 GDP | World Bank | https://www.shihang.org/ |
|  | 农业增加值 | World Bank | https://www.shihang.org/ |
| 重要参数 | 食物营养素含量 | FAO | http://www.fao.org/faostat/zh/#home |

路共建国家生产的主要食物消费类型，主要包括 20 大类食物（包括谷物、薯类、糖料、蔬菜、水果、植物油脂、肉类、蛋类、奶类、动物脂肪、海洋产品、液体饮料、固体饮料、淡水产品、其他等）消费量，共计 118 种。在营养水平方面，主要选取反映食物消费总量水平的热量指标。以上数据主要来源于 FAO 食物平衡表。

（4）其他数据。主要是基础地理数据、农业生产相关数据，以及参数数据，国土面积、耕地面积、农业用地面积、化肥施用量等，主要来自 FAO 土地和投入数据库。食物热量有效供给水平计算过程中使用的食物分配系数、可食系数、分配和消费环节的损耗系数主要来自《全球食物损失和浪费报告》。同时鉴于不同地区和处于不同经济发展水平国家的食物加工水平、食物消费结构以及食物浪费存在差异，参考世界银行划分国家收入分组，根据国家所处的经济发展水平分组和地理区域分别选用相应参数。

## 1.3 研究内容与研究框架

研究立足丝路共建国家和地区实际，从社会经济与农业发展状况入手，在分析土地生产能力变化与基本特征、膳食消费变化与基本特征的基础上，从基于人粮平衡的耕地资源承载力，到基于热量平衡的土地资源承载力，以国别为基本研究单元，从全域、各地区、分国别等三个不同尺度，系统评估丝路共建地区的土地资源承载力，定量揭示了丝路全域及其不同共建地区的土地资源承载力及其地域差异，提出土地资源承载力的适应策略。

基于专著主旨和研究主题，确立如下框架：全书共分 8 章。第 1 章是绪论，第 2 章是土地资源承载力研究综述。第 3 章介绍丝路共建国家和地区社会经济与农业发展概况；第 4 章和第 5 章分别从土地资源供给能力和食物消费与膳食热量水平两个维度，介绍丝路共建国家土地资源的供给能力和食物消费水平；第 6 章和第 7 章分别从基于人粮平衡的耕地资源承载力和基于热量平衡的土地资源承载力两个方面，揭示丝路共建国家和地区的土地资源承载力。第 8 章为适应策略与对策建议。各章主要内容概述如下：

第 1 章，扼要说明研究背景、研究内容与主要结论。

第 2 章，围绕承载力概念和土地资源承载力研究进展进行文献综述。

第 3 章，主要从人口规模与分布、国民生产总值与格局、农业发展等方面，分析绿色丝绸之路全域、不同地区，以及不同国家的基础状况。

第 4 章，基于 FAO 统计数据，系统分析 1995～2018 年丝路全域、各共建地区以及国别等不同尺度，谷物等 8 种植物性食物与 4 种动物性食物产量变化特征，揭示其时序变化规律与地域格局。

第 5 章，基于 FAO 食物平衡表数据，从食物消费数量到膳食热量水平，系统分析了丝路各共建地区以及国别等不同尺度食物消费与膳食热量水平的变化特征与地域格局。

第 6 章，基于 FAO 生产数据库数据，从人粮关系出发，系统评价丝路共建国家的耕地资源承载力，定量揭示丝路不同共建地区、不同共建国家的耕地资源承载力及人粮关系的地域差异。

第 7 章，从热量平衡出发，系统评价丝路共建国家的土地资源承载力，定量揭示丝路共建国家及其不同地区、不同国家的土地资源承载力及人地关系地域差异。

第 8 章，基于丝路共建国家和地区的土地资源承载力及其变化，提出土地资源承载力提升的对策建议。

## 1.4 基本认识与主要结论

### 1. 丝路共建国家和地区食物供给能力

1995~2018 年，丝路共建国家和地区食物生产向好发展，生产规模逐渐扩大，土地资源承载基础不断增强。受土地源禀赋、气候条件等因素影响，丝路共建国家和地区各类食物总产量空间差异显著。

其中，南亚在豆类、奶类和糖料方面具有明显产量优势，均位居各地区首位。中国在蛋类、蜂蜜、谷物、坚果、肉类、蔬菜、薯类、水果等方面具有明显的产量优势，总量均位居第一位，印度的豆类、糖料和奶类产量位居第一，马来西亚在油料的产量上具有明显比较优势。

### 2. 丝路共建国家和地区食物消费与热量水平

1995~2018 年，丝路共建国家和地区多数食物消费数量有所增加，蔬菜、谷物、海洋产品、淡水产品消费均高于全球一般水平。各地区膳食消费量呈现不同特征，中亚地区奶类消费水平较高，水果消费量改善明显。中东欧多数国家和地区谷物消费量逐渐下降，肉蛋奶等动物性食物消费水平较高。南亚和东南亚地区多数国家和地区谷物仍呈增长态势，肉蛋奶等动物性食物消费水平较低。西亚及中东多数国家和地区水果消费量较高，海洋产品消费量较低。

1995~2018 年，丝路共建国家和地区谷物、薯类等淀粉类食物热量供给比有所下降，膳食营养质量逐渐改善，热量水平逐渐高于全球水平。东南亚和中蒙俄地区膳食热量水平改善程度优于全域平均水平，西亚及中东地区膳食热量水平整体上改善不明显。现阶段中东欧、中蒙俄、西亚及中东地区人均膳食热量水平较高，介于 3150~3350 kcal/（人·d），中亚、东南亚和南亚地区人均膳食热量水平相对较低，介于 2520~2880 kcal/（人·d）。

### 3. 丝路共建国家和地区耕地资源承载力与承载状态

1995~2018 年，丝路共建国家和地区耕地资源承载力逐渐增强，可承载人数增至 45.30 亿人，承载密度增至 660 人/km² 水平，承载指数降至 1.05，人粮关系向好发展。

丝路不同共建地区土地资源承载力差异显著，东南亚地区耕地资源承载力相对较强，中蒙俄、中东欧、南亚地区耕地资源承载力居中，西亚及中东和中亚地区耕地资源承载力普遍较低。

丝路共建国家近 7 成国家承载密度低于全区平均水平，人粮关系以超载为主，近 3/5

国家耕地资源承载力超载，岛屿小国、气候干旱国家，粮食短缺问题较为突出。

**4. 丝路共建国家土地资源承载力与承载状态**

1995～2018 年，丝路共建国家土地资源承载力逐渐增强，可承载人口增至 48.70 亿人，承载密度增至 245 人/km² 水平，承载指数降至 0.97，人地关系状态略优于人粮关系状态。

丝路不同共建地区土地资源承载状态不尽相同，中东欧、中蒙俄、中亚和东南亚地区土地资源承载力盈余，人地关系较好，南亚、西亚及中东地区土地资源承载力临界超载。

丝路不同共建国家土地资源承载力差异显著，近 6 成共建国家土地资源承载密度低于全区平均水平。有 20 个共建国家土地资源处于超载或严重超载状态，以西亚及中东国家和岛屿国家为主，包括马尔代夫、卡塔尔、也门、阿联酋等国，仅依靠国内供给难以满足食物需求。

# 第 2 章　土地资源承载力研究综述

　　科学认识承载力概念的源起与发展对于资源环境承载力理论探讨与实践研究具有重要的科学价值和现实意义。立足资源环境视角，本章从基于种群个体最大生物量的生态承载力，到基于人口与资源关系的资源承载力和基于人口与环境关系的环境承载力，再到面向区域可持续发展的资源环境承载力，较为系统地阐释资源环境承载力的概念源起与发展历程。

　　通过追踪公开发表或可获取的英文文献，同时兼顾中文资料。承载力概念最早诞生于 19 世纪 40 年代的工程机械领域，之后，在生态学、地理学、资源科学与环境科学领域得到了持续但有争议的发展；资源环境承载力概念最早可见于 20 世纪初期的能量承载力和畜牧承载力研究，20 世纪 40 年代末期以土地承载力研究为标志的资源承载力研究诞生；直到 20 世纪末期，具有综合特征的资源环境承载力概念才在中国悄然兴起，严格意义上的资源环境承载力研究则始于 21 世纪初。目前，我国资源环境承载力研究总体处于发展阶段，以概念探讨和定性研究为主，尽管在政策层面已得到国家有关部门的高度重视。2010 年以来，作为描述发展限制的一个重要判据，资源环境承载力研究的现实意义在中国越来越受到重视，国家重大研发计划已有多项部署。但承载力概念似乎也成为了"灵丹妙药"，存在研究泛化或概念泛化现象。

# 2.1  承载力概念的起源与发展

## 2.1.1  基本概念的形成

　　美国 *Science* 杂志在其创刊 125 周年之际，向全球发布了 125 个最具挑战性的科学问题（Kennedy and Norman，2005）。根据基础性、广泛性和影响力，从中筛选出了 25 个被认为是最重要的问题，其中之一就是"地球到底能承载多少人口"（Stokstad，2005；Daily and Ehrlich，1992；Cohen，1995），即最大人口数量或人口承载力（或人口承载能力）。事实上，到 2015 年全球人口已超过 73 亿（United Nations，2015），预计到 2100 年全球人口将可能超过 120 亿（Lutz et al.，1997；Gerland et al.，2014）。而在两个世纪以前，有关地球所能承载的最大人口预测总量（90 亿人）最早可见于对英国人口学家马尔萨斯（Thomas Robert Malthus）的《人口论》（*An Essay on the Principle of Population*）（Godwin，1820）。即使现在看来，这个预测值依旧是非常有远见的（Glacken，1967）。值得注意的是，无论是 William Godwin（1820 年）还是 Lester Brown（1995 年）对全球人口总量的探讨，都与历史上的人口大国——中国密切相关（Brown，1995）。而且，人类对人口增长、过剩、爆炸与发展的忧虑总是离不开"承载力"（carrying capacity）这一概念（Price，1999），其实质就是探索地表水资源、土地资源、矿产资源，以及生态环境等单项承载力或综合承载力的承载上限（或区间）。这就不难理解，为什么人口承载力或者资源环境承载力研究在中国具有长期而广泛的研究传统与现实需求。

近年来，常有学者讲"承载力研究仅限于中国，国外很少报道""国内也就是某一批人在研究"乃至"承载力研究已经过时"等观点。这种论断不免过于主观或偏颇，往往"只见树木，不见森林"。在中国开展资源环境承载力评价、监测与预警研究，如同开展青藏高原综合研究一样，既有独特的人口发展与资源环境约束之不足，又有国家宏观层面和参与全球治理（如"一带一路"倡议）的需求（樊杰等，2015）。与此同时，近年来，资源环境承载力研究在概念上的日益泛化，存在研究泛化或概念泛化等问题，且围绕承载力理论基础的争议日盛。为此，不禁要问，什么是承载力？什么又是资源环境承载力？资源环境承载力的理论基础是什么？科学内涵是什么？不确定性是什么？资源环境承载力研究还存在哪些关键性科学问题需要正视？比如能否将承载力与承载状态混为一谈？怎样进行阈值界定与关键参数率定？等等。回答并解决上述问题，无疑还需要一个较长的过程。当前，无论是在学界还是在政界，都把资源环境承载力研究提升到了一个前所未有的位置。考虑到研究的时序性与阶段性，本章试图通过追踪历史公开发表或可获取的英文文献（包括论文、书籍、报告等），同时兼顾中文文献，系统梳理与认识资源环境承载力的概念起源与发展脉络，立足资源环境视角，对资源环境承载力的研究泛化与概念泛化等问题提供一些基本看法，以便与同行交流、讨论，以求正本清源、学以致用。

从思想酝酿到概念提出和从理论研究到管理实践方面，承载力已在争议、批判之中艰难地走过两个多世纪（Dhondt，1988；Hardin，1976；Clarke，2002；Brush，1975）。无论是三国时期的"曹冲称象"，抑或是古印度佛教《杂宝藏经》中"弃老国缘"的"老人称象"（公元前6世纪至公元前4世纪），都间接地反映了实体装置（如船）物理意义上的有效载荷或最大负荷。现实生活中，承载力概念也广泛根植于民间，如地基承载力、禽畜养殖承载力等。如果把行星地球比作一艘船只，那么该船所能承载的生物（含人口）量及纳污能力（或容量）等物理属性，便构成了地理学、生态学、资源科学与环境科学等众多现代学科的承载力研究基础。其中的代表性论著当推《即将到来的太空船地球经济学》（*The Economics of the Coming Spaceship Earth*）（Boulding，1966）。事实上，承载力概念已广泛存在并应用于生物学、生态学、地理学、资源科学、环境科学、社会学、人类学、人口统计学等学科（Clarke，2002；Brush，1975；Sayre，2008）。可以假想，正如"承载力"本身字面含义一样，未来人类对"承载力研究"最大限度的探索、争议与批判亦是难以穷尽。

中国有关"承载（力）"的思想萌芽最早见于《诗经·大雅·緜》的"其绳则直，缩版以载"。唐代孔颖达在其《疏》中也有"以绳束其版，版满筑讫，则升下於上，以相承载，作此宗庙"等论述。总体而言，我国历史上承载力的相关史料汗牛充栋。但是，这也仅限于一般意义上的定性认识与总结，相应实证研究却是凤毛麟角。国外，有关承载力概念的起源也是众说纷纭，争议重重。例如，许多学者认为承载力概念起源于生态学（Price，1999）与人口学（Clarke，2002），认为这两个学科为"承载力"概念的孕育奠定了基础（Seidl and Tisdell，1999）。实际上，从科学研究层面和现有可获取文献看，"承载力"概念的最早提出，始见于美国国务院 1845 年向参议院提交的"外国商业制度的变更与修改"（*Changes and Modifications in the Commercial Systems of Foreign Nations*）报告（Sayre，2008），文中"carrying capacity"主要是指轮船吨位。可见，承载力概念的真正起源始于工程领域，只是较早地被生态学、人口学等学科所采用、接受。需要强调的是，在马尔萨斯的《人口论》（1798）与比利时数学家韦吕勒基于马尔萨斯"人口论"提出著名的逻辑斯谛方程（1838）中，尽管直接或间接地潜藏着"承载力"的思想（Seidl and Tisdell，1999），但他们均没有明确提及"承载力"这一英文术语（Sayre，2008）。但是，在国内外现有关于承载力源起的文献中，这两位先驱及其代表性成果总是被我们习惯地认为是承载力的思想渊源（Brush，1975；Seidl and Tisdell，1999；封志明等，2017；张林波等，2009）。

在"承载力"萌芽之初（19 世纪 40 年代），其概念非常朴素和直观。承载力概念最初是指工程属性（如地基承载情况）或机械属性（如航运、电气化铁路的负荷情况），似乎与生物体和自然系统无关。该概念的提出具有其特定的历史背景，即反映了工业革命蓬勃发展对机器生产最大规模化的不懈追求。英、法等工业强国大机器生产所需要的原料主要攫取于其全球殖民地，而所制造的绝大部分产品又需要倾销至其殖民地国家。因此，铁路网络、内河货运及远洋航运的最大货运量等属性就成为了"承载力"概念的雏形。工业革命带来的物质与财富空前发展，人类对地球自然资源与环境的认识，也先后经历了"崇拜自然，尊重自然""资源无限，人定胜天"到"资源有限，增长极限"再到"资源有限，持续利用"4 个不同的历史发展阶段（封志明，2004）。人类对自然资源稀缺性的客观认识，一方面引起了现代科学（如生物学、生态学、人口学等）对承载力研究的关注，另一方面也不断地推动了承载力研究在不同学科之间的深入发展。

**1. 始于生态承载力——对种群个体最大生物量的思考**

到目前为止，承载力概念最早应用于自然生态系统始于 19 世纪 70 年代，即承载体为自然系统，但仍停留在自然系统（如河流等）所能运输的物理量（如动物等）层面（Gabb，1873）。在承载力的众多衍生概念中，生态学领域的承载力，即生态承载力（ecological carrying capacity，ECC）较早受到关注。令人费解的是，该概念被广泛认为始见于帕克（Robert E. Park）与伯吉斯（Ernest W. Burgess）1921 年 9 月出版的《社会学导论》（*Introduction to the Science of Sociology*）。然而，该著作全文并没有出现"ecological carrying capacity"和"carrying capacity"两个确切术语。而且，类似结论广泛见于国内主要搜索引擎（如百度百科），人云亦云。实际上，有关特定环境条件下某种个体存在数量最高极限的讨论，目前最早可追溯到 19 世纪 80 年代在美国 *Science* 杂志上发表的学术短文《新西兰动物驯化》（*Acclimatization in New Zealand*）（Thomson，1886）。这可能是学界最早考虑封闭陆域（新西兰）环境下的生态承载力。之后，奥地利物理学家弗德勒（Leopold Pfaundler von Hadermur）于 1902 年在《物理观点之世界经济》（*Die Weltwirtschaft im Lichte der Physik*）一文中，详细测算了地球所能吸收的太阳能，并根据植物光合作用与人类食物消费估算了地球的能量承载力（Pfaundler，1902）。类似地，在《美国农业部年鉴》（*Yearbook of the United States Department of Agriculture*）（1906）中，也报道了植物工业局（Bureau of Plant Industry）J. S. Cotton 在美国西部主要牧场州（如俄克拉荷马、堪萨斯、内布拉斯加、亚利桑那、德克萨斯等）进行的牧群养殖过载调查报告（United States Department of Agriculture，1907）。尽管该报告中是用"carrying capacity"这一术语，但确切地讲，应该讲"载畜量（grazing capacity）"更为合适。

直到 20 世纪 20 年代，生态承载力的概念才首次由 Hawden 与 Palmer 两人确切阐述（Hadwen and Palmer，1922），即指"在不被破坏的情况下，一个牧场特定时期内所能支持放牧的存栏量"。该定义依据是基于 Hawden 和 Palmer 1922 年在美国阿拉斯加州对驯鹿种群数量变化的观察研究（Seidl and Tisdell，1999）。尽管生态承载力概念在定义表述上不尽相同，但其所表达的内涵大同小异。综合各家之言，一般地，生态承载力可定义为特定栖息地所能最大限度承载某个物种的最大种群数量（maximum），且不对所依赖的生态系统构成长期破坏并减少该物种未来承载相应数量的能力（Daily and Ehrlich，1992；Rees，1992；Roughgarden，1979）。生态承载力被视为可反映区域面积与物种有机体之间特征的函数（Daily and Ehrlich，1992）。在相同条件下，区域面积越大，其承载能力越强（Arrow et al.，1995）。之后，有关特定环境（如草场、牧场、狩猎场等）下最大生物承载量或载畜量的研究广泛见于文献报道（Hole，1937；Storm，1920；Leopold，1933）。其中有一点似乎已成共识，即承载力在用于描述驯养食草动物（如驯鹿）的最大载畜量（Hadwen and Palmer，1922）、野生食草动物（Leopold，1933）及北美鹑（Errington，1934）的最大载畜量后，便成为了生态学，特别是应用生态学（Applied Ecology）的主要研究内容之一（Seidl and Tisdell，1999）。

然而，生态承载力的定义也常常被质疑其可操作性与准确性，科学度量起来困难重重（Seidl and Tisdell，1999；Lindberg et al.，1997；Hardin，1986）。例如，怎样才算生态系统破坏（damage）或损害（injury）（Seidl and Tisdell，1999）？其衡量标准或规范是什么？争议一直很大。为此，不断有学者就生态承载力关于最大种群数量，提出了其他相近或类似的专业术语，这些术语往往具有学科特征或部门烙印。如威斯康星大学的 Aldo Leopold 在 1933 年将承载力定义为某个物种的"最大密度（maximum density）"或"饱和点（saturation point）"（Leopold，1933）。在人类学（Anthropology）中，承载力是指原住人群从事简单食物、生计生产方式（如刀耕火种农业）所维持的"人–地平衡（Man–Land Balance）"（Brush，1975；Chidumayo，1987）。在种群生物学（Population Biology）中，特别是在 Verhulst–Pearl 逻辑斯谛方程中，承载力概念指的是种群数量几何增长的"上限（upper limit）"（Seidl and Tisdell，1999）。在植物–食草动物系统中，对于牧场与野生动物管理者而言，一个生态系统究竟能养活并维持多少动物数量是一个根本性问题。因此，承载力概念在植物–食草动物系统中通常是指食草动物所能维持的平衡密度（equilibrium density）（Mcleod，1997）。在牧场牲畜养殖中，承载力往往被特指为草地的"最大载畜量（maximum grazing capacity）"（Scarnecchia，1990；Valentine，1947）。在远洋捕捞生产中，承载力又习惯性地被称为"最大可持续率（maximum sustainable rate）"（Pauly and Christensen，1995）或"最大捕捞量"与"最大可持续产量（maximum sustainable production）"等。综上，有关承载力近似概念可以理解为两个方面：一是强调承载的上限阈值，即"承载力"，它是一个极限的概念；二是表征承载的平衡状态，即"承载状态"，其结果可以是超载、平衡或未超载。

**2. 从资源承载力到生态足迹——基于人口与资源关系的思考**

承载力概念提出 1 个世纪以后（1940 年后），承载体依旧为自然系统。但是，当承载的研究对象由生物体或自然系统上升到人类（或人口量）时（Leopold，1941；Leopold，1943），基于人口与资源关系的资源承载力的概念就应运而生，其突出代表是土地（资源）承载力（封志明，1993；石玉林等，1989；陆大道和郭来喜，1998）与水资源承载力（夏军和朱一中，2002；施雅风和曲耀光，1992；牟海省和刘昌明，1994）。

20 世纪 80 年代末期，中国科学院自然资源综合考察委员会牵头开展了"中国土地资源生产能力及人口承载量研究"，认为我国土地理论的最高人口承载量可能是 15 亿～16 亿人，并且在相当长的时期内将处于临界状态（石玉林等，1989）。目前，与资源承载力概念较为接近的一个专业术语是"人口承载力（human carrying capacity）"（Cohen，1995；Leopold，1943），在国外研究中较为常见。"人口承载力"最早由 Aldo Leopold（Leopold，1943）于 1943 年提出，起初该概念所表达的内容依旧是维持在生态承载力层面，即单位面积空间上能容纳多少人（不考虑粮食支持），而并非指单位面积或区域自然资源所能承载或养活的人口数量。一直到 20 世纪 60 年代末，资源承载力概念基本上是生态承载力概念的直接延伸（封志明，1993），期间较有影响的著作为福格特（William Vogt）（1948）的《生存之路》（*Road to Survival*）与埃里奇（Paul Ehrlich）（1968）的《人口爆炸》（*The Population Bomb*）。这一时期，国内有关人口急剧增长的代表性论著有马寅初（1957）的《新人口论》，但有关人口超载的论述还非常少。真正意义上的资源承载力定义，最早形成于阿伦（William Allan）1949 年在非洲农牧业的研究，即土地承载力研究。确切地说，阿伦给出了土地资源承载力的定义。该定义为"在特定土地利用情形下，即未引起土地退化，一定土地面积上所能永久维持的最大人口数量"（Allan，1949）。后来，该定义在人类学、地理学中得到了广泛推广与发展（Street，1969）。

就水资源承载力而言，"water carrying capacity"这一术语最早出现在 1886 年《灌溉发展》（*Irrigation Development*）一书中，是指美国加州萨克拉门托河与圣华金河两条河流的最大水量（California Office of State Engineer，1886）。确切地讲，这还是停留在承载力的概念借用层面，类似用法还有关于岩层持水能力的描述（Jack，1895）。之后，这种关于器械（如管道）的载水能力或者化学物质（如石膏）的持水能力的描述从未间断。相对于土地资源承载力研究而言，国外有关水资源承载力的研究报道较少，尽管也有中国学者在国外期刊上发表的研究成果。在我国，施雅风先生于 1989 年较早提出了水资源承载力概念。不难看出，这与同期（1986～1990 年）全国农业区划委员会办公室委托启动的"中国土地资源生产能力及人口承载量研究"项目不无关系。但是，有关水资源承载力的专论研究，始见于 1992 年施雅风先生等（1992）著的《乌鲁木齐河流域水资源承载力及其合理利用》。之后，牟海省等（1994）、徐中民等（2000）、王浩（2003）、夏军等（2002）国内水资源领域知名专家相继关注并开展了水资源承载力研究工作。类似于土地承载力研究，其实质则是着力探讨区域的"人水平衡"与"水土平衡"。

20 世纪 60 年代末与 70 年代初开始，由于人口增长与经济发展引起的资源环境问题，有关地球承载力增长极限的讨论日益受到重视（Seidl and Tisdell，1999），代表作有梅多斯（Donella H. Meadows）等的《增长的极限》（*The Limits to Growth*）。自此，资源承载力更加侧重探讨人口、食物与资源（土地、水等）之间的关系（封志明，1993）。概括而言，资源承载力（有时也包含了环境承载力）的研究视角主要包括两方面（Rees，1996）：一是探讨全球不同尺度区域所能持续地承载的最大人口数量；二是探讨对一定人口承载规模而言，地球能提供的可生产性土地面积是多少、其分布范围怎样？前者是传统意义上的承载力概念，即资源承载力（人口），试图量化出人口承载力的"极值"（"极限"）或相应阈值区间；后者则是"生态足迹（ecological footprint）"或"生态占用（ecological appropriation）"，它是对资源承载力的逆向思考，是对其测算方法的补充与完善，试图描述特定人口规模所需要的行星地球面积。在资源承载力方面，国内外代表性研究至少有 4 个（封志明，1993），分别是澳大利亚土地承载力研究（Millington and Gifford，1973）、发展中国家土地的潜在人口支持能力研究（Higgins et al.，1982）、提高承载力的策略模型（enhancement of carrying capacity option，ECCO）（UNESCO and FAO，1986）及中国土地资源生产能力及人口承载量研究（陈百明，1991）。由于资源承载力，即地球承载最大人口规模，总是难以准确度量，争议很大。2000 年以来，生态足迹方法一度成为学界与国际组织的新宠。因此，国内外也先后出版了一系列有关生态足迹或生态占用的代表性论著或报告，如《我们的生态足迹：减少人类对地球的影响》（*Our Ecological Footprint：Reducing Human Impact on the Earth*）（Wackernagel and Rees，1998）。另外，世界自然基金会（WWF）自 2000 年起在其系列《生命行星报告》（*Living Planet Report*）《全球足迹网络》《亚太区 2005 生态足迹与自然财富报告》及《中国生态足迹报告》中就应用到了生态足迹方法。

**3. 从环境承载力到生态系统弹性——基于人口与环境关系的思考**

自然资源与自然环境互为孪生兄弟，因角度不同而从属两个不同概念（封志明，2004）。基于人口与环境关系的环境承载力概念既是对资源承载力的逆向思考，也是对生态承载力、资源承载力研究内涵的拓展。此外，生态承载力与资源承载力的早期研究主要是立足于陆地生态系统（Thomson，1886；Hadwen and Palmer，1922；Allan，1949），而环境承载力（含环境同化能力）研究则延伸至水域（含海洋）生态系统（Cairns，1977）。

尽管 20 世纪 30 年代就有"environmental carrying capacity"偶见于相关研究文献（Errington，1934；Errington，1936；Griffin，1936），但其概念内容仍停留在生态学意义上的承载力。早期英文文献中的"environmental carrying capacity"与"ecological carrying capacity"所指的内容非常相似，与最大环境容纳量（即 K 值）非常接近（Odum E P and Odum H T，1953；Taylor et al.，1990），有时与资源承载力也难以区分。这种现象与研究学者的学科背景、专业倾向及研究目的等有关。与资源承载力侧重于描述资源（如土地、水）的人口承载能力不同，环境承载力在关注区域最大人口数量的同时，还着重关注与之相应的经济规模及人类生存与经济发展对环境空间占用、破坏与污染的耐受能力与同化能力（assimilative capacity 或 accommodative capacity）（Arrow et al.，1995；Goldberg，1979）。历史上，有关"同化能力"概念的较早思考与工业革命有紧密联系。该概念最初出现在工程领域，用以描述利用水流处理简单的有机废物（如污水）的能力（Cairns，1999）。其中，最典型的案例是英国 1849～1960 年人口激增对泰晤士河的污染问题。类似地，关于河流污染负荷（wasteload assimilative capacity）的分析还见于美国科罗拉多州的杨帕河（Bauer et al.，1978）。但是，"同化能力"概念的最早定义始于凯恩斯（Cairns Jr. John）1977 年对于海洋生态系统的研究（Cairns，1977），是指自然系统（如海洋、湖泊）吸收包括各种不同浓度且本身没有被降解的人为废弃物等物质的能力。同化能力通常与环境系统（如湿地）的毒物浓度有关，水体水文过程改变可能引发植被变化，进而导致同化能力变化（Cairns，1999）。因此，从狭义上讲，环境承载力实质上等同于同化能力（Stebbing，1992）。

在一定程度上，正是 20 世纪 70 年代以来全球的环境破坏与污染问题，促使了环境科学领域的科学家、环保人士与团体更加自信地、义无反顾地使用"环境承载力（environmental carrying capacity）"这一概念（Pearce，1976；Portmann and Lloyd，1986）。在科学研究层面，正是由于工业革命吹响了世界工业化与城市化的号角，人口大量涌入的集中区——城市因面临一系列环境问题，为环境承载力概念的提出与实证研究提供了沃土（Huang and Chen，1999；Weiland et al.，2005）。国外有关环境承载力的定义出现在 1985 年前后（Portmann and Lloyd，1986；Pravdić，1985），认为环境承载力是环境的一种属性，其定义为容纳特定活动的能力，而不造成难以接受的影响。在国内，较为严格的"环境承载力"概念最早出现在北京大学 1991 年完成的《福建省湄洲湾开发区环境规划综合研究总报告》中（唐剑武等，1997），是指"在某一时期、某种状态或条件下，某地区的环境所能承受的人类活动的阈值"。后来，环境承载力逐渐成为区域规划与评价的基础（Bishop，1974；Daly，1990）。

环境承载力、环境同化能力对应的上限阈值即为环境容量（environmental capacity）。当然，这个环境容量是指人口增长、社会经济发展及其排污不超越生态系统弹性（ecosystem resilience）限度内的上限阈值，即地球生态系统弹性范围以内，地球同化或吸收污染物的临界水平。1990 年前后，美国在亚利桑那州图森市以北沙漠中建立的一座微型人工生态循环系统（即生物圈 2 号，Biosphere 2）的失败实验，便是很好的例证。事实上，由于资源与环境的对立有机关系，环境承载力在指区域环境系统对人口-经济活动的支持或承受能力时，与资源承载力概念非常接近。只有当环境承载力在表达区域环境系统的同化能力或纳污容量时，或者现有人口–经济规模对区域环境容量的影响时，环境承载力才有别于资源承载力（Stebbing，1992；Brinson et al.，1984）。因此，从广义上讲，环境承载力包括同化能力（或环境容量）与资源承载力两个概念。

**4. 集成于资源环境承载力——面向区域可持续发展的思考**

资源环境承载力是承载力、生态承载力、资源（土地、水）承载力与环境承载力（或环境容量）的延伸与发展。一般地，资源环境承载力被认为是对资源承载力、环境容量、生态承载力等概念与内涵的集成表达（樊杰等，2015）。承载力在不同学科中的发展主要体现在地球的三个系统上，即非生命系统（如货船、轨道等实体装置）、自然生命系统（如草地生态系统、海洋生态系统）和人类系统。资源环境承载力研究是关注地球系统内的人–资源–环境等问题，即资源环境对人的"最大负荷"问题。资源环境承载力的演进框架可以从以下五个方面来诠释：第一，强调最初承载力研究源起于非生命系统；第二，随着人类对自然资源的开发利用，从生物学与生态学角度较早引入并研究了生态承载力；第三，当研究承载对象从自然生命系统过渡到人类系统时，则标志着资源承载力研究兴起；第四，随着人类对资源不当利用及其造成生态破坏等问题，环境承载力研究也日益受到关注；第五，需要特别强调的是，当生态承载力、资源承载力与环境承载力的研究承载对象聚焦在人类系统时，就是一个从分类到综合的承载力派生概念，即资源环境承载力。

不难看出，一般认为资源环境承载力是从分类到综合的资源承载力与环境承载力（容量）的统称（封志明等，2017）。如有学者认为一个包括大气资源、水资源、土地资源、海洋生物，以及大气环境、水环境稀释自净能力等方面综合因素的环境承载力可称为"资源与环境综合承载力"（刘殿生，1995）。因此，关于资源环境承载力是一个涵盖资源和环境要素的综合承载力概念已成共识（樊杰等，2015）。其突出特征是综合性与限制性。就综合性而言，主要是指资源环境承载力研究的综合评价、监测与预警，既涉及对区域资源环境本底的基础评价（如人居环境适宜性要素评价与综合评价），又涉及资源承载力要素评价（如土地资源承载力、矿产资源承载力、水资源承载力等）、环境承载力要素评价（如大气环境承载力、水环境承载力、土壤环境承载力等）等分类评价，还包括基于单要素承载力的综合加权平均或系统动力学分析，即综合承载力。就限制性而言，主要是指在资源环境承载力综合评价过程中，需要重视资源环境本底与要素的最大限制因子，即瓶颈资源或短板效应。

作为承载力派生出的综合性概念，资源环境承载力形成背景大致始于 20 世纪 90 年代前后，而代表性事件则为 1987 年 2 月世界环境与发展委员会发布的《我们共同的未来》（*Our Common Future*）与 1992 年 6 月联合国"环境与发展大会"通过的《里约环境与发展宣言》（*Rio Declaration*）与《21 世纪议程》（*Earth Summit: Agenda 21*）。20世纪 90 年代以来，资源环境承载力迎来又一次发展机遇。正是全球可持续发展的理念，促使了资源环境承载力真正从概念、理论、科学研究走向管理实践，成为可持续发展的基础与核心内容之一。在科学层面，资源环境承载力研究事关特定时空范围内资源环境基础的"最大负荷"或"有效载荷"（封志明等，2017；2016）。它更加强调要加强承载力阈值界定与关键参数率定、定量评价，以及分类评价、综合计量与集成评估等关键方法与技术研究。在实践层面，资源环境承载力已从分类到综合、从理论到实践，由关注单一资源约束发展到人类对资源环境占用的综合评价（封志明等，2017；2016）。它已不再是仅仅关注某项单项资源或单一环境要素约束的可承载能力，而是强调人类对区域资源利用与占用、生态退化与破坏、环境损益与污染，即资源环境承载力的综合评估与集成评估。在管理层面，资源环境承载力已成为测度人地关系协调发展与区域可持续发展的重要判据（Daily and Ehrlich，1992；Rees，1996）。它不仅成为了重大自然灾害（如地震）灾后重建与人口分布的重要理论依据（高晓路等，2010；邓伟，2009），也是国家级新区（如雄安新区）建设发展的前提保障。

目前，国外研究文献中"资源环境承载力"的提法还不常见，但该提法却在国内地理学与资源环境科学领域较为普遍。在我国，尽管 1995 年就已经有"资源与环境综合承载力"的论述（刘殿生，1995）。但是，相关内容还停留在概念层面，有时只是简单、机械地将生态承载力、资源承载力与环境承载力等概念拢合在一起（刘殿生，1995），深入研究不多见。严格意义上以"资源环境承载力"的研究文献出现在 10 年后（齐亚彬，2005），但仍停留在概念层面的讨论。

## 2.1.2  研究领域的拓展

2000 年前后，资源环境承载力研究逐渐实现了由分类到综合、由静态到动态、由定性到定量、由基础到应用的转变，但资源环境承载力的阈值界定与关键参数率定、标准化评价与综合计量等仍是综合研究的热点与难点。资源环境承载力综合研究兴起以来，为统一量纲，人们试图把不同物质折算成能量、货币或其他尺度，以求横向对比与综合计量。基于上述考量，从 20 世纪末期到 21 世纪初期，学者们发展了基于生态足迹的"虚拟土地"、基于水足迹的"虚拟水"和基于能值分析的"虚拟能量"等理论与实践相结合的资源环境承载力综合评价理论与方法，极大地推动了承载力研究的跨世纪发展。

**1. 生态承载力与"虚拟土地"：生物生产性土地与生态足迹**

在人类生态学领域，生态承载力的研究包括资源承载力和环境承载力两类。其中，资源承载力侧重于研究资源所能供养人口数量，环境承载力则是指环境所能容纳某一活动或污染物排放的最大幅度（高吉喜，2001）。然而，由于生态系统中资源与环境很难进行严格区分，故单独基于某一视角的生态承载力研究并不完整。生态足迹（ecological footprint）概念的提出，则在一定程度上弥补了这种缺陷。

生态足迹是指能够持续地提供资源或消纳废物的、具有生物生产力的地域空间，最早由加拿大生态经济学家 William 等于 1992 年提出（Rees，1992）。他指出，人类对自然资本的占用可以定量衡量，由于自然资本与地球表面的紧密联系，故而可以用"生物生产性土地"（如耕地、林地、水域等）来表示，即虚拟土地。理论上，人类的所有消费都可以回溯到提供该消费品的原始物质和能量的土地上并折算出相应生物生产性土地面积，从而可以直观反映出人类消费与自然资本之间的相互影响。生态足迹分析存在如下假设：①各类生物生产性土地在空间上是互斥的，因而其面积可以加和得到人类对自然系统的需求总量；②人类活动所消耗的资源、能源及其所产生的废弃物可以定量估算；③生产和消纳上述资源和废弃物所需的生物生产性土地面积可以定量折算。通过对维持人类社会所需的自然资源量和消纳废弃物所需的生物生产性空间的计算，并与区域生态承载力相比较，进而完成对区域可持续发展能力的评估。

与过往的承载力不同的是，生态足迹法同时从供给和需求两方面出发评估区域生态承载力：一方面，对区域实际生物承载能力进行测算，作为衡量区域可持续发展水平的基础；另一方面，对承载一定生活质量人口所需生态空间（即生态足迹）进行测算，然后将两者对比确定区域的生态赤字或盈余量（Wackernagel and Rees，1998）。通过这种简单的术语表达，使其成为全面分析人类对自然影响的有效工具之一。因此，生态足迹一经提出，便引起了世界范围内的关注，并迅速应用于不同尺度地域空间和学科领域中（Wackernagel and Rees，1998；Rees，2000；张志强等，2000；徐中民等，2000）。

然而，在生态足迹法迅速发展的同时，亦得到不少学者的质疑和争论，主要体现在：对假设中"各类土地空间互斥"和"将资源和废弃物等量折算为生产面积"太过理想化且与实际不符（李明月，2005；宋旭光，2003），而主要根据吸收 $CO_2$ 排放量转化为对应土地面积的计算方法不够科学，同时忽视了不同国家和地区地理环境的差异及人类社会对自然资产的储存等（徐中民等，2006），所计算的结果多为一象征性的指向指标，对可持续发展的指导意义相对有限（陈成忠和林振山，2008）。

### 2. 水资源承载力与"虚拟水"：虚拟水流动与水足迹

进入 20 世纪，水资源安全问题已成为国际社会关注的重点问题之一，世界各国都在努力探索应对水资源危机的新途径。20 世纪 90 年代初，"虚拟水"概念的提出为上述问题提供了一种新的研究与解决思路，并迅速成为水资源研究热点领域。1993 年，英国学者 Allan 首次提出"虚拟水"（virtual water）（Allan，1993），并将其定义为生产农产品所需要的水资源量，在此之前，Allan 还曾经使用过"嵌入水"（embeded water）等近似概念（Allan，1995；1998a；1998b）。虚拟水概念提出的初衷是为贫水国家和地区维护其水资源安全提供一种新思路，即通过进口水资源密集型的农产品来减少水赤字。随着研究的不断深入，虚拟水概念逐步扩展到服务、加工、材料，以及服务过程中和材料形成过程中所消耗的水资源（项学敏等，2006；朱启荣和袁其刚，2014），从而也派生出了诸如虚拟水贸易（virtual water trade）、虚拟水含量（virtual water content）、虚拟水流（virtual water flow）、虚拟水平衡（virtual water balance）等子概念。

受"生态足迹"理论启发，2002 年，Hoekstra 进一步提出了"水足迹"（water footprint）（Hoekstra and Hung，2002）概念，即虚拟水，通过整合人类活动所消费产品和服务过程中对水资源的使用和污染状况，以对产品和服务的潜在水资源占用进行定量核算，以直

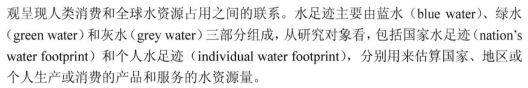

观呈现人类消费和全球水资源占用之间的联系。水足迹主要由蓝水（blue water）、绿水（green water）和灰水（grey water）三部分组成，从研究对象看，包括国家水足迹（nation's water footprint）和个人水足迹（individual water footprint），分别用来估算国家、地区或个人生产或消费的产品和服务的水资源量。

虽然当前水资源承载力尚未有统一的理论和方法框架，但水足迹的提出仍不失为其研究提供了很好的研究思路：即从消费角度入手，籍由虚拟水概念实现消费品与所含水资源之间的连通，进而用一定消费水平下可维持的区域人口数量作为水资源承载力的衡量指标，实现了评价指标的统一。此外，虚拟水概念的引入可进一步获得区域水资源自然承载力及水资源的对外依存度等数据，有利于全面把握区域水资源安全状况（刘宝勤等，2006）。程国栋院士指出，虚拟水战略是缓解我国水资源短缺矛盾、保证我国水资源安全的新举措，特别对化解我国西北内陆干旱区水资源短缺具有重大意义（程国栋，2003）。

值得注意的是，相对于学术界的热议，"虚拟水"战略却很少能够在现实中得以实际应用。究其原因，在于传统的"虚拟水"战略只强调通过贸易的手段节约农业需水，但如果所节约的水量无法被二、三产业吸收以产生更大的效益，所节约的水资源反而成为了一种浪费（徐中民等，2013）。因此，只有通过发展二、三产业，使水资源能够在三次产业间流动起来，方为"虚拟水"战略实施的关键。

**3. 资源承载力与"虚拟能量"：能量平衡与能值分析**

人类生态系统是一个统一的有机体，资源、环境、社会经济要素之间的相互影响与相互作用关系十分复杂。因此，单一要素所代表的区域承载力具有一定的局限性和片面性，如何对资源环境系统全要素或多要素承载力的综合量化进行系统研究成为重点和难点。

自然界的能量是平衡、可相互转化的。从能量系统理论角度，所有系统均可视为能量系统，故而自然环境与社会经济的关系均可转化为能量分析（Odum H T and Odum E C，1981）。但由于在能量分析时，不同种类、性质能量的能质各异，难以直接对比和计算（Odum，1983；蓝盛芳和钦佩，2001），导致出现了"能量壁垒"问题（陆宏芳等，2004），而能值理论与分析方法的出现为解决这一问题提供了新思路（张耀辉和蓝盛芳，1997）。

能值（emergy）分析由美国生态学家 Odum 于 20 世纪 80 年代创立，其与能路语言、系统分析方法相结合，可作为环境核算和生态经济系统分析的共同尺度。在能值分析理论中，系统中经济、资源环境等要素均以太阳能值作为统一衡量标准，克服了传统方法的局限性，为资源合理利用以及资源环境价值评估提供了度量标准和科学依据，因而被广泛用于不同尺度的生态经济系统分析与模拟、国际贸易评估、资源环境的管理与研究等领域（Sui and Lan，1999；Lu et al.，2003；Huang et al.，2001；陆宏芳等，2000；Lu et al.，2002；Odum et al.，2000；Tilley and Swank，2003；万树文等，2000；Brown et al.，2003；蓝盛芳等，2002）。

Odum 将能值定义为某一流动或储存的能量中所包含的另一种能量的数量（Odum et al.，1987）。单位能量（物质）所含的太阳能量称为太阳能值转换率，是度量某种能量（物质）能质的尺度，能值转换率越高，表明该种能量（物质）的能质越高，在能量系统中的等级也越高（陆宏芳等，2005）。从中可以清楚地看出，所谓能值，实际与"虚拟土地""虚拟水"相似，即实质不存在，但可以通过转化而来的一种"虚拟能量"。借助能值理论和分析方法，可将各种生态系统和生态经济系统的能流、物流和其他生态流进行统一度量，方便比较和分析。以能值为量纲，将不同种类、能质、能量转换成同一标准的能值进行衡量和比较，便可得到一系列反映资源生态与经济效率的能值综合指标，如净能值产出率（net emergy yield ratio，NEYR）、能值投入率（emergy investment ratio，EIR）、能值货币比（emergy dollar ratio，EDR）等。与此同时，表征自然资源承载能力的指标也应运而生，如能值承载力、废弃物能值比（waste to renewable ratio，WRR）等。这些指标极大地深化了资源环境承载力研究的理论与方法，对推动研究的定量化具有重要意义。

相较于传统的资源环境承载力理论而言，能值分析理论为承载力评估确立了一个衡量的统一标准，具有划时代的意义。但是，相较于其先进的理论而言，能值分析的方法论研究却处于一个较为滞后的状态，主要表现在能值转换率的计算较为繁杂、能值流程图尚未有一个较为科学而全面的绘制方法、能值计算过程中对研究对象的区域性和动态性考虑不周等（张芳怡等，2006；魏胜文等，2011；薛冰等，2013）。有鉴于此，未来能值分析需要在能值的量化、综合评价方法优化等多方面进行改进，以进一步完善能值分析理论（魏胜文等，2011）。

在国家层面，中国政府对资源环境承载力研究的重视程度创历史新高。国家"十一五"规划纲要[①]明确提出根据资源环境承载能力、现有开发密度和发展潜力，统筹考虑未来我国人口分布、经济布局、国土利用和城镇化格局，将国土空间划分为优化开发、重点开发、限制开发和禁止开发四类主体功能区。2008 年汶川特大地震发生后，国家提出将资源环境承载力评价作为灾后恢复重建规划的基础和重建工作的前提。此后，科学认知区域的资源环境承载力，不仅在玉树地震、舟曲特大泥石流灾后恢复重建总体规划、专项规划和实施规划得到应用，而且被逐步推广到越来越多的社会经济发展规划和国土空间规划中。

具体来说，国家"十二五"规划纲要[②]提出对人口密集、开发强度偏高、资源环境负荷过重的部分城市化地区要优化开发，对资源环境承载能力较强、集聚人口和经济条件较好的城市化地区要重点开发等具体要求。2012 年 11 月党的十八大报告针对中国资源约束趋紧、环境污染严重、生态系统退化的严峻形势，提出要按照人口资源环境相均衡、经济社会生态效益相统一的原则，控制开发强度，调整空间结构，促进生产空间集

---

① 中华人民共和国中央人民政府. 中华人民共和国国民经济和社会发展第十一个五年规划纲要. (2006-3-16) [2017-11-15]

② 中华人民共和国中央人民政府. 中华人民共和国国民经济和社会发展第十二个五年规划纲要. (2011-3-16) [2017-11-15]

约高效、生活空间宜居适度、生态空间山清水秀,给自然留下更多修复空间,给农业留下更多良田,给子孙后代留下天蓝、地绿、水净的美好家园。2013 年 11 月,《中共中央关于全面深化改革若干重大问题的决定》第 52 条 "划定生态保护红线" 中,明确提出要建立资源环境承载能力监测预警机制,对水土资源、环境容量和海洋资源超载区域实行限制性措施。2015 年 7 月,环境保护部、发展和改革委员会印发了《关于贯彻实施国家主体功能区环境政策的若干意见》,在 "坚持分类与差异化管理" 基本原则中,明确指出立足各类主体功能定位,把握不同区域生态环境的特征、承载力及突出问题,科学划分环境功能区。2015 年 10 月,《中共中央关于制定国民经济和社会发展第十三个五年规划的建议》,明确指出塑造要素有序自由流动、主体功能约束有效、基本公共服务均等、资源环境可承载的区域协调发展新格局。2016 年 11 月,环境保护部和科学技术部共同制定了《国家环境保护 "十三五" 科技发展规划纲要》,明确指出既要开展 "一带一路" 资源环境承载力与生态安全研究,又要开展长江经济带资源环境承载力研究。2017 年 8 月,习近平总书记在致中国科学院青藏高原综合科学考察研究队的贺信中,明确指出要聚焦水、生态、人类活动,着力解决青藏高原资源环境承载力、灾害风险、绿色发展途径等方面的问题。2017 年 9 月,中共中央办公厅、国务院办公厅印发《关于建立资源环境承载能力监测预警长效机制的若干意见》,旨在深入贯彻落实党中央、国务院关于深化生态文明体制改革的战略部署,推动实现资源环境承载能力监测预警规范化、常态化、制度化,引导和约束各地严格按照资源环境承载能力谋划经济社会发展。由此,资源环境承载力应用研究得到极大拓展,在资源环境承载力与区域经济发展相互关系、新型城镇化耦合、国土空间优化以及资源环境承载力监测预警与模拟预测等不同应用领域涌现大量成果。

在研究方法方面,资源环境承载力研究,亟待突破承载阈值界定与关键参数率定的技术瓶颈(樊杰等,2017),从分类到综合、从定性到定量、从基础到应用、从国内到国外,发展一套标准化、模式化、计算机化的评价方法(封志明等,2016)。资源环境承载力评价方法需要在重大科研项目的持续支持下,结合案例研究区不断发展完善。可喜的是,我国地理学、资源科学以及环境科学学界非常重视资源环境承载力研究。在中国地理学会 2014 年学术年会的大会主题报告《走向世界的中国地理学》中,傅伯杰院士指出 "新型城镇化过程及资源环境承载能力预警" 是中国地理科学未来发展的 9 个战略方向之一。2015 年国家重点研发计划实施以来,已启动了 3 个有关资源环境承载力的项目。具体是,2016 年 "典型脆弱生态修复与保护研究" 重点专项下的 "自然资源资产负债表编制与资源环境承载力评价技术集成与应用" 项目(编号:2016YFC0503500),由中国科学院地理科学与资源研究所牵头负责;2016 年 "水资源高效开发利用" 重点专项下的 "国家水资源承载力评价与战略配置" 项目(编号:2016YFC0401300),由水利部水利水电规划设计总院牵头负责;2017 年 "全球变化及应对" 重点专项下的 "全球变化对生态脆弱区资源环境承载力的影响研究"(编号:2017YFC0401300),由中国科学院地理科学与资源研究所负责。上述项目是国内继 "中国土地资源生产能力及人口承载量研究"(陈百明,1991)、"中国农业资源综合生产能力与人口承载能力"(陈百明,2001)

和"西北地区水资源合理配置和承载能力研究"（王浩，2003）等资源环境单要素承载力评价研究之后，近期以资源环境承载力为主题的综合集成项目。相关项目的实施，将对中国资源环境承载力研究产生深远影响。可以假想，中国政府与科技界对我国及"一带一路"共建国家资源环境承载力的高度重视与巨大投入，将极大地促使我国科技界在国际上领跑资源环境承载力的相关研究。

## 2.2　土地资源承载力研究进展

　　土地资源是人类赖以生存和发展的自然资源，随着土地、粮食与人口之间矛盾的日益加剧，土地生产能力与人类粮食需求能否平衡日益成为国际焦点。作为资源环境承载力的重要组成部分，土地资源承载力从基于人粮平衡关系视角逐渐拓展到人地平衡关系视角，由单纯的关注人口与土地资源关系，拓展到关注经济规模与土地资源关系的土地资源综合承载力。中国人口众多，土地、粮食与人口之间的矛盾尤为尖锐，受 FAO 的影响，土地资源承载力也是中国开展最早且应用最为广泛的资源环境承载力研究领域。

### 2.2.1　土地资源承载力的起源与进展

　　土地资源承载力关注人口与土地资源关系，是资源环境承载力的重要组成部分，早期的土地承载力研究首先是与生态学密切相关的，土地承载力概念大多是生态学上承载力定义的直接延伸，较有影响的研究是威廉·福格特（1948）的《生存之路》和威廉·阿伦的计算方法。威廉·福格特认为地球上适宜耕种的土地有限，且这些有限的土地由于世代滥用而生产能力下降，世界人口激增造成人口过剩，全球及全国人口的数量已超越其土地负载能力。作者用方程式 $C=B:E$ 来说明这一论据。式中，$C$ 代表土地负载能力，即土地能够供养的人口数量；$B$ 代表土地可以提供的食物产量；$E$ 代表环境阻力，即环境对土地生产能力所加的限制。

　　威廉·阿伦（1965）提出了土地承载力定义：在不发生土地退化的前提下，某一区域的土地所能供养的最大理论人口。在确定概念的基础上他提出了以粮食为标准的土地承载力计算公式，其目的是计算出某个地区的集约化农业生产所提供的粮食能够养活多少人口，或者说给出承载人口的上限。该方法主要考虑总土地面积、耕地面积和耕作要素等，提出了未来某个时期，该地区所能供养人口数量方法的粗略估计。由于以粮食为标准的土地承载力研究方法简单、意义明确，可操作性强，这种方法奠定了"人粮关系"在土地资源承载力研究中的核心地位，对土地资源承载力研究产生了深远的影响。

　　1970 年以来，人口、粮食、资源、环境等全球性问题日甚一日，在人口急剧增长（主要是发展中国家）和需求迅速扩张（主要是发达国家）的双重压力下，以协调人地关系为中心的务实的承载力研究再度兴起，目的旨在帮助国家政府制定有关资源开发、人口增长和粮食生产等方面的政策，协调国际社会在资源开发利用中的关系（陈念平，1989）。

其间，较具影响的研究有澳大利亚的土地承载力研究、联合国粮农组织的发展中国家土地潜在人口支持能力研究和联合国教科文组织资助的资源承载力 ECCO（enhancement of carrying capacity options）模型研究三个。

20 世纪 70 年代初澳大利亚的科学工作者采用多目标决策分析法，从各种资源对人口的限制角度出发，对该国的土地承载力进行研究。此项研究结果表明，如果澳大利亚发展劳动密集型农业，充分利用一切可利用的土地资源，低水平蛋白摄入量，低水平生活条件，可以养活 2 亿人。若让每个人都生活在高于目前中等以上水平，可供养的人口则不超过 1200 万人。该项研究考虑了土地资源、水资源、气候等限制因素，除种植业外还考虑了畜牧业的发展潜力。研究提出几种发展策略并分析了相应的发展前景，指出按照澳大利亚的水资源条件，可以养活 8000 万人，届时能源将是主要限制因素。

为了评估发展中国家的土地资源承载力，联合国粮农组织开展了土地潜在人口支持能力研究，它以国家为单位进行计算，通过世界土壤图和气候图叠加，将每个国家划分为若干农业生态区（agro-ecological zone，AEZ）作为评价土地生产潜力的基本单元；同时给出了各个农业生态区的农业产出对高、中、低三种投入水平的响应，按人对粮食及其他农产品提供的热量需求，给出优化种植结构及相应的农业支出，得出每公顷土地所能承载的人口数量（FAO，1981）。这项研究提供了确定世界农业土地生产潜力的新途径，即农业生态区域法（AEZ）。这是一项综合探讨农业规划和人口发展的方法，它将气候生产潜力和土地生产潜力相结合，来反映土地用于农业生产的实际潜力，并考虑了对土地的投入水平和社会经济条件，对人口、资源和发展之间的关系进行了定量分析。

联合国教科文组织资助的资源承载力研究是 20 世纪 80 年代初，在联合国教科文组织的资助下，设计 ECCO 模型为长远规划服务的承载力研究。ECCO 模型是由英国科学家斯莱瑟教授提出的一种承载力估算的综合资源计量技术，它采用系统动力学方法，综合考虑人口、资源环境与发展之间的关系，可以模拟不同发展战略下，人口变化和承载力之间的动态变化。该模型已经成功地应用于肯尼亚、毛里求斯、赞比亚等发展中国家。资源承载力研究的 ECCO 模型，把承载力研究与持续发展战略相结合，强调长期性和持续性，为制定切实可行的长期发展计划提供了一条行之有效的途径。

21 世纪初澳大利亚学者保罗萨默斯首次将政府规划、基础设施建设、人口普查等数据相结合，采用空间规划法对区域人口承载力进行评价研究，以期寻求规划和基础设施之间所存在的差异性（余霜，2010）。随后 2014 年默里等人以食物、水和能源等重要生存资源作为研究指标，采用动态指标显示法以构建动态模型对澳大利亚土地承载力进行综合研究以期为未来发展提供科学理论指导（李晓勇，2011）。基于空间分析逐步推广应用，引用多指标的数学模型进行土地承载力的研究成效显著（Enrico Borgogno Mondino，2014）。

## 2.2.2　中国土地资源承载力研究进展

在巨大的人口压力下，中国土地资源研究在资源环境承载力研究中占据重要地位。

中国早期的土地资源承载力研究主要集中在农业生产潜力方面。1950 年任美锷首先以农田生产力为基础估算了土地承载力，他发表的《四川省农作物生产力的地理分布》一文，标志着我国土地承载力研究的开始，此阶段研究工作主要集中于农业生产潜力方面。农业生产潜力系指在一定的气候、土壤、社会经济及最优管理、优良品种、无病虫害等条件下，某一作物转化太阳辐射能为生物化学能的能力。农业生产潜力的估算和评价是估算土地人口承载能力的基础。根据"最适因子率"和"最低因子限制率"，可分成不同层次的生产潜力。1963 年气象学家竺可桢从气候角度对作物生产潜力进行了初步研究。20 世纪 70 年代黄秉维在国内最早提出了光合潜力的概念，他综合了国内外的研究成果，全面考虑了作物群体对太阳能的利用、反射、吸收、转化、消耗等多种因素后，得出了简化的光合潜力计算式，该方法忽略了作物之间的区别，具体应用时估算结果有一定的偏差（李三爱，2005）。此后在分析国外理论的基础上我国学者根据我国农业自然资源条件，先后从不同角度和侧面对作物的生产潜力进行了研究，在概念确定、机理分析、模型建立、参数确定、区域估算方面做了大量工作（龙斯玉，1976；邓根云等，1980；李继由，1980；于沪宁等，1982；黄秉维，1985；侯光良，1986），为今后的具体研究奠定了基础。

1986～2000 年是大规模展开实际工作阶段。我国三次较大规模的系统的土地承载力研究工作集中在此阶段。1986 年中国科学院自然资源综合考察委员会受全国农业区划委员会委托，在中国 1/100 万土地资源图编制基础上，首先开展并完成了"中国土地资源生产能力及人口承载量研究"（1991），开创了国内有关承载力系统研究的先河。研究首先明确了土地资源承载能力内涵——在未来不同时间尺度上，以预期的技术、经济和社会发展水平及与此相适应的物质生活水准为依据，一个国家或地区利用其本身的土地资源所能持续稳定供养的人口数量，在此基础上确定 1985 年、2000 年、2025 年作为研究的时间尺度，将全国划分为九个土地潜力区，以资源生态、资源经济、资源管理科学原理为指导，以综合性、区域性和持续性为原则，从土地、粮食与人口的平衡关系出发，讨论了中国土地与粮食的限制性；以省级行政单元为计算单元，利用历史资料外延递推法和农业生态区域（AEZ）法计算土地生产潜力并加以汇总，预测未来人口和食物消费水平，计算土地承载力，从可能性角度回答了不同时期的食物生产能力及其可供养人口规模。研究结果如下：在高投入水平下，2000 年的粮食生产能力可达 5 亿 t，按人均 400kg 计，可承载 12.77 亿人；2025 年可达 7 亿 t，以人均 450kg 计，可承载 15.48 亿人（陈百明，1991）。

1989～1994 年，国家土地管理局在联合国开发计划署和国家科委资助下，与联合国粮农组织合作，引进了粮农组织开发的农业生态区（AEZ）技术，在 1/500 万土壤图的基础上，进行了"中国土地的食物生产潜力和人口承载潜力研究"，研究分全国、黑龙江省和江苏省扬州市无锡县（现锡山市）几个尺度进行（郑振源，1996）。国家尺度研究将全国按自然条件、农作制度和种植制度的地域差异分成 12 个农业生产区和 40 个亚区进行。研究结果表明：中国在低投入水平下，土地可承载 11.0 亿～11.9 亿人；在中投入水平下可承载 13.9 亿～14.8 亿人；在高投入水平下可承载 14.9 亿～18.9 亿人，提高土地生产潜力和人口承载潜力的关键是保护耕地、提高投入和控制人口（谢俊奇，1997）。

在中国相继完成了全国土地资源概查（1984）和中国土地资源详查（1996）的基础上，1996～2000 年中国科学院地理科学与资源研究所进行了"中国农业资源综合生产能力与人口承载能力"研究，主要攻关内容是开展不同时间尺度的中国农业资源综合生产能力和人口承载能力的系列评估，计算在 2010 年、2030 年、2050 年全国及各农业生态区的农业资源综合生产能力与人口承载能力，其中包括耕地资源、草地资源、木本粮油林资源、内陆淡水渔业资源、海洋渔业资源等单项资源的生产能力。研究将全国划分成12 个一级农业生态区和 48 个二级生态亚区，计算在 2010 年、2030 年、2050 年全国及各农业生态区的农业资源综合生产能力与人口承载能力，研究结论表明在 2010 年，以人均大致每年需要 420kg 粮食作为需求标准，耕地资源的粮食生产能力可承载 14.09 亿人；在 2030 年，人均每年需要 450kg 的粮食作为需求标准，耕地资源的粮食生产能力可承载 15.04 亿人。考虑耕地资源和非耕地资源的综合生产能力，2010 年可承载 16.76亿人，2030 年可承载 18.47 亿人。说明在高效利用有限耕地资源的同时，必须充分挖掘非耕地资源的食物生产潜力，只有依靠农业资源的综合生产能力才能满足中国从小康生活到富裕生活的食物需求。

这三次研究都以生态区作为基本单元，研究尺度较大，研究目的着重于评估中国土地承载力的总量、地域类型和空间格局。由于中国地域辽阔，农业气候资源和土地类型复杂多样，土地生产潜力和生产力地域差异大，研究过程中往往不得不求同舍异，进行笼统的研究。此外，此阶段还有很多专家学者对中小尺度的土地承载力进行了研究，因数量众多，在此不做详细介绍。大量的具体研究丰富了研究内容，完善了研究方法，但由于研究方法、步骤、标准各异，难以互相直接利用研究结果或推广使用，不能在更大尺度上进行集成。

2000 年至今土地承载力研究在实现手段上不断创新，将模型方法与地理信息系统（GIS）相结合成为现阶段的趋势。作为一项综合、横断的系统研究，土地承载力研究涉及要素众多，关系错综复杂、区域差异明显，GIS 用于描述农田空间上的差异性，可提供田间任一小区不同生长时期的时空数据，同时，GIS 具有强大的对空间数据进行储存、处理、分析和可视化的功能，它的引入为生产潜力的研究提供了一种有效的手段和方法，成为目前生产潜力研究的热点。党安荣等首先探讨了基于 GIS 的土地生产潜力研究方法，在 GIS 及全国农业空间数据库和属性数据库的支持下，在前人农业生产潜力研究的基础上进行了全国土地生产潜力的研究（党安荣等，2000）。

近年来，随着居民对肉蛋奶等动物性食物的需求提升（D'odorico，2014），基于谷物等单要素的土地资源承载力研究的局限性凸显（王玮等，2019），而在食物消费变化驱动下，基于多种食物生产土地资源承载力研究逐渐深入。在供给端，从以关注耕地为主的农田生态系统供给水平、聚焦主粮供需平衡（封志明等，2008），拓展到以耕地、草地、森林等不同生态系统为基础（王情等，2010），关注包括动植物性产品在内的食物供需平衡（郝庆等，2019）。在需求端，从单纯关注粮食数量满足，逐渐转向食物营养摄入是否充足均衡（唐华俊和李哲敏，2012）。由此，土地资源承载力研究逐渐从面向粮食需求的"人粮平衡"（张超等，2022）转向面向营养需求的"营养平衡"，即考虑热量、蛋白质和脂肪的供需平衡。实际上，以人类生存的营养需求与食物供给之间关系为主线的土地资源承载力研究，既包括了承载力研究所具备物理量纲，也在一定程度上折射了"人地关系"平衡状态。

传统的土地资源承载力研究侧重于封闭系统人口和食物之间的关系。然而，随着近代社会经济的发展和城市的扩张，人粮关系或人地关系在城市地区的土地资源承载力中具有明显的局限性，因为粮食可以通过区域间贸易从其他地区进口（王书华和毛汉英，2001）。为此，王书华等（2001）从水土资源、社会发展、生态环境和经济发展等方面提出了一种新的土地资源综合承载力评价指标体系。

随着中国城市化进程的加快和土地资源综合承载力概念的提出，城市土地资源承载力已成为研究热点。与传统的土地资源承载力研究相比，城市综合土地资源承载力研究强调土地资源对城市区域经济发展和生态平衡的支持。学者们通过单个因素或指标体系来探讨人、经济、社会、生态之间的关系，以保证城市土地资源的持续健康发展（蓝丁丁等，2007；郭志伟，2008；Fan et al.，2012；孙钰等，2012；李强和刘蕾，2014）。如有学者对上海市土地资源的综合承载力进行了研究，利用系统动力方法，探讨了不同情景下土地资源的人口承载规模和经济承载规模，并对承载状况进行了判定（祝秀芝等，2014）。也有学者以流域为研究单元，探讨了长江流域主要省份的相对人口承载力、相对经济承载力及综合承载力，并对流域主要省份的相对承载状态进行了分析（刘兆德和虞孝感，2002）。城市土地资源承载力研究不仅促进了土地资源承载力的进步，也扩大了耕地资源承载力（land resources carrying capacity，LRCC）在城市规划、管理和可持续发展研究方面的影响。

作为资源环境承载力的重要组成部分，土地资源承载力研究已有二百多年的历史。土地资源承载力从最初主要关注人粮关系逐渐拓展到以营养当量为中介的人地关系。自从土地资源综合承载力概念提出后，许多学者试图把他们的注意力转移到更广泛的考虑上，即土地资源能支持多少社会和经济活动。由于科学技术的发展，土地资源承载力的研究方法越来越定量化和综合化，研究结果也越来越接近现实的土地资源承载力水平。总之，因为越来越多的人认识到土地资源对人口增长和社会经济发展的限制作用，土地资源承载力作为一个有效的和可操作的工具，已被全世界所接受。

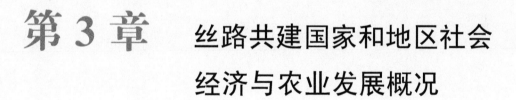

# 第 3 章　丝路共建国家和地区社会经济与农业发展概况

由于地域空间广阔，丝路共建国家和地区在自然地理条件、资源环境基础与社会经济发展水平等方面显著差异，并影响了不同国家和地区土地资源承载能力与承载状态。由此，本章作为后续章节的前言内容，依托世界银行发布的相关数据，通过分析丝路共建国家和地区的人口规模与分布、经济发展水平与格局、农业发展等三个方面的发展水平及变化特征，从丝路全域、地区和国别三个维度系统揭示丝路共建国家和地区的社会经济与农业的发展水平与变化趋势，为进一步开展丝路共建国家和地区的土地资源承载力评价提供科学依据与量化支持。

"一带一路"倡议是一个开放包容的体系，截至 2021 年底，中国已同 147 个国家（地区）和 32 个国际组织签署了 200 多份共建"一带一路"合作文件。理解"一带一路"开放性的同时，为了对其土地资源承载力进行分析，我们首先界定研究的地理范围。本文基于研究现状（刘卫东，2019），确定以六大区域、"64+1"个国家（64 个国家为丝路共建国家，1 为中国）为研究范围，统称为"丝路共建国家和地区"（表 3-1）。

表 3-1　研究区范围

| 六大区域 | 国家名称 | 数量 |
|---|---|---|
| 中亚地区 | 哈萨克斯坦、吉尔吉斯斯坦、塔吉克斯坦、乌兹别克斯坦、土库曼斯坦 | 5 |
| 中蒙俄地区 | 中国、蒙古国、俄罗斯 | 3 |
| 东南亚地区 | 越南、老挝、柬埔寨、泰国、马来西亚、新加坡、印度尼西亚、文莱、菲律宾、缅甸、东帝汶 | 11 |
| 南亚地区 | 印度、巴基斯坦、孟加拉国、阿富汗、尼泊尔、不丹、斯里兰卡、马尔代夫 | 8 |
| 中东欧地区 | 波兰、捷克、斯洛伐克、匈牙利、斯洛文尼亚、克罗地亚、罗马尼亚、保加利亚、塞尔维亚、黑山、北马其顿、波黑、阿尔巴尼亚、爱沙尼亚、立陶宛、拉脱维亚、乌克兰、白俄罗斯、摩尔多瓦 | 19 |
| 西亚及中东地区 | 土耳其、伊朗、叙利亚、伊拉克、阿联酋、沙特阿拉伯、卡塔尔、巴林、科威特、黎巴嫩、阿曼、也门、约旦、以色列、巴勒斯坦、亚美尼亚、格鲁吉亚、阿塞拜疆、埃及 | 19 |

注：资料来源于《共建绿色丝绸之路：资源环境基础与社会经济背景》。

## 3.1　人口规模与分布

区域人口规模、空间分布及其变化既是土地资源生产力的重要影响因素，也是土地资源承载力的主要影响要素。本小节主要从人口规模、人口密度及城市化水平三个方面对丝路共建国家和地区的人口发展状况进行概述。

### 3.1.1 人口规模

**1. 总体情况：人口总量持续增长，占比超过世界人口总量的 60%，年均增长率低于世界总体水平**

2000～2020 年，丝路 65 个共建国家的人口总量持续增长，由 2000 年的 39.09 亿人增长至 2020 年的 48.36 亿人。丝路 65 个共建国家的人口总量占世界总人口比例保持在 60% 以上，但占比逐年降低，由 2000 年的 63.62% 降低至 2020 年的 61.83%。2000～2020 年，丝路共建地区总人口的年均增长率为 1.07%，相较世界人口年均增长率低 0.14%（图 3-1）。

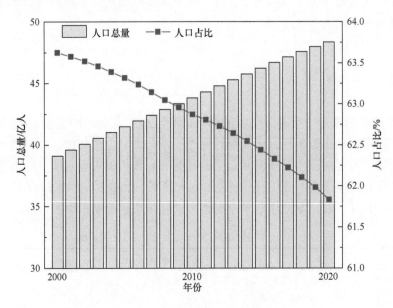

图 3-1　丝路 65 个共建国家人口总量及世界人口占比
数据来源：世界银行，缺少巴勒斯坦数据

**2. 地区格局：南亚地区人口规模最大，西亚及中东地区人口增速最快，中东欧地区人口呈现负增长特征**

丝路共建六个地区，南亚地区人口总量最大，2020 年为 18.83 亿人，占丝路共建地区人口总量的 38.95%；其次为中蒙俄地区，人口总量为 15.58 亿人，约占丝路共建地区人口总量的 32.23%；中亚地区人口总量最少，为 0.75 亿人，占比仅为 1.55%（图 3-2）。

从人口规模变化情况看，2000～2020 年，除中东欧地区外各地区人口数量均呈现增长趋势。从人口增量看，南亚地区人口增速量最大，2000～2020 年共增长约 4.76 亿人；其次为西亚及中东地区，2000～2020 年人口总量增长了约 1.53 亿人；接下来为中蒙俄地区，2000～2020 年人口数量增长约 1.46 亿人。从人口增速看，2000～2020 年，西亚及中东地区人口增速最快，年均增长率为 1.97%；其次为中亚地区，年均增长率为 1.56%；紧随其后为南亚地区，年均增长率为 1.47%。与丝路其他共建地区人口规模变

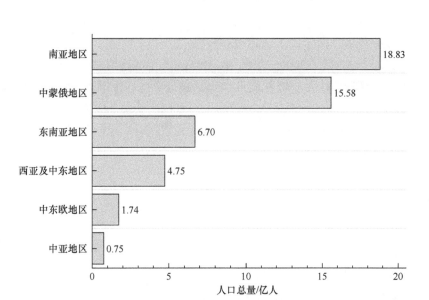

图 3-2　2020 年丝路共建各地区人口总量
数据来源：世界银行，缺少巴勒斯坦数据

化情况相反，受社会经济发展水平、生育观念和人口迁移等因素影响，2000～2020 年，中东欧地区人口总量呈现下降，由 2000 年的 1.88 亿人减少到 2020 年的 1.74 亿人，近 20 年减少约 0.14 亿人，年均减少约 0.38%（表 3-2）。

表 3-2　2000～2020 年丝路共建各地区人口数量　　　　　　（单位：亿人）

| 区域 | 2000 年 | 2005 年 | 2010 年 | 2015 年 | 2020 年 |
|---|---|---|---|---|---|
| 东南亚地区 | 5.25 | 5.62 | 6.00 | 6.37 | 6.70 |
| 南亚地区 | 14.07 | 15.41 | 16.60 | 17.75 | 18.83 |
| 西亚及中东地区 | 3.22 | 3.54 | 3.96 | 4.39 | 4.75 |
| 中东欧地区 | 1.88 | 1.83 | 1.79 | 1.77 | 1.74 |
| 中蒙俄地区 | 14.12 | 14.50 | 14.83 | 15.27 | 15.58 |
| 中亚地区 | 0.55 | 0.58 | 0.63 | 0.69 | 0.75 |
| 丝路共建地区 | 39.09 | 41.49 | 43.82 | 46.23 | 48.36 |

注：数据来源于世界银行，缺少巴勒斯坦数据。

### 3. 国别分布：中国与印度人口规模最大，且人口增量最大；俄罗斯等 17 个国家人口数量持续减少

分国别看，丝路共建不同国家的人口规模存在较大差异。2020 年，8 个国家人口总量超过 1 亿人，22 个国家人口总量在千万级，30 个国家人口总量在百万级。具体而言，中国和印度人口规模最大，2020 年两国的人口总量分别为 14.11 亿人和 13.80 亿人，是全球人口规模第一和第二的国家；印度尼西亚、巴基斯坦、孟加拉国、俄罗斯、菲律宾、埃及等 6 国的人口规模在 1 亿水平以上；文莱、马尔代夫、黑山和不丹等国家人口总量

相对较小，2020 年人口总量均未达到 100 万。

就人口变化情况来看，2000～2020 年，丝路 65 个共建国家中，47 个国家总人口数量增加，其中印度增量最大，20 年间人口增长超过 3 亿；中国受人口基数较大的影响，增加的人口数量超过 1 亿（图 3-3）。同期，丝路 17 个共建国家的总人口量减少，其中受经济不振、劳务移民和社会冲突等影响，乌克兰的人口数量减少最多，2020 年较 2000 年减少了 504.45 万人（图 3-4）。

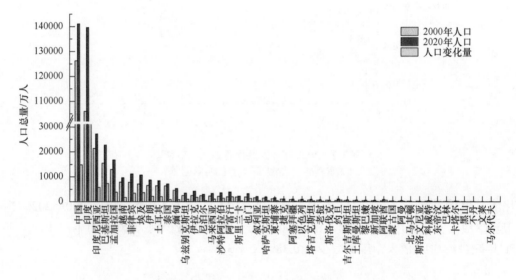

图 3-3　2000～2020 年丝路共建国家人口增长国家人口总量及变化情况

数据来源：世界银行，缺少巴勒斯坦数据

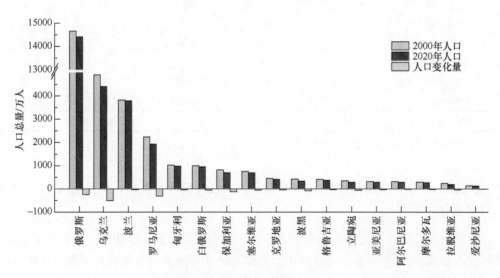

图 3-4　2000 年、2020 年丝路共建国家人口减少国家人口总量及变化情况

数据来源：世界银行，缺少巴勒斯坦数据

## 3.1.2　人口密度

**1. 总体情况：丝路共建地区人口密度持续升高，与世界平均人口密度比值保持在 1.60∶1 以上**

2000～2020 年，随着人口总量的增加，丝路共建地区的人口密度升高，由 2000 年的 78.18 人/km² 上升至 2020 年的 96.72 人/km²。作为人口稠密地区，丝路共建地区的平均人口密度高于世界平均水平，二者的比值一直保持在 1.60∶1 以上，且近 20 年该比值有缩小趋势，由 2000 年的 1.65∶1 缩小至 2020 年的 1.61∶1（图 3-5）。

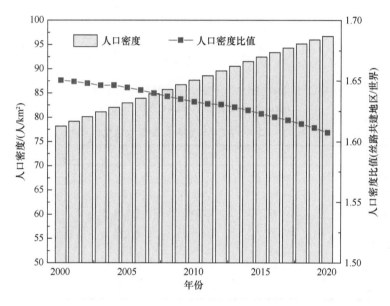

图 3-5　丝路共建地区人口密度变化及其与世界人口密度比值
数据来源：世界银行，缺少巴勒斯坦数据

**2. 地区格局：南亚地区人口密度最大，东南亚地区次之，中亚地区人口密度最小**

丝路共建六个地区中，南亚地区人口密度最大，2020 年为 394.65 人/km²，是丝路共建地区平均水平的 4.08 倍；其次为东南亚地区，人口密度为 151.93 人/km²，是丝路共建地区平均水平的 1.57 倍；中亚地区人口密度最小，为 19.12 人/km²，只有丝路共建地区平均人口密度的 1/5（图 3-6）。

从各地区人口密度变化看，2000～2020 年，除中东欧地区外，其他各地区人口密度均有所上升。其中，西亚及中东地区人口密度上升幅度最大，从 2000 年的 43.49 人/km² 增长到 2020 年的 64.28 人/km²，增长近 1/2；其次为南亚地区，人口密度由 2000 年的 294.79 人/km² 增长到 2020 年的 394.65 人/km²，大约增长 1/3；2000～2020 年，由于人口数量的下降，中东欧地区人口密度出现下降，由 2000 年的 88.45 人/km² 减少到 2020 年的 81.92 人/km²（表 3-3）。

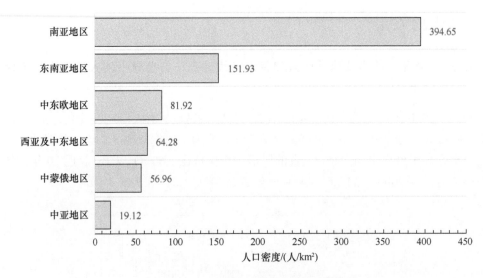

图 3-6　2020 年丝路共建各地区人口密度
数据来源：世界银行，缺少巴勒斯坦数据

表 3-3　2000～2020 年丝路共建各地区人口密度　　　（单位：人/km²）

| 区域 | 2000 年 | 2005 年 | 2010 年 | 2015 年 | 2020 年 |
|---|---|---|---|---|---|
| 中亚地区 | 14.04 | 14.81 | 16.06 | 17.53 | 19.12 |
| 中蒙俄地区 | 51.61 | 52.99 | 54.21 | 55.81 | 56.96 |
| 东南亚地区 | 119.19 | 127.54 | 135.99 | 144.35 | 151.93 |
| 南亚地区 | 294.79 | 323.02 | 347.97 | 372.14 | 394.65 |
| 中东欧地区 | 88.45 | 86.14 | 84.43 | 83.22 | 81.92 |
| 西亚及中东地区 | 43.49 | 47.86 | 53.52 | 59.28 | 64.28 |
| 丝路共建地区 | 78.18 | 82.97 | 87.63 | 92.45 | 96.72 |

**3. 国别分布：新加坡人口密度最大，波黑人口密度最小；47 个国家的人口密度在增加，17 个国家人口密度降低**

分国别看，丝路共建国家人口密度存在较大差异。2020 年，4 个国家的人口密度超过 1000 人/km²，26 个国家的人口密度处于 100～1000 人/ km²，3 个国家的人口密度不足 10 人/km²。具体而言，由于土地面积狭小和移民较多，新加坡的人口密度最大，接近 8000 人/km²；俄罗斯、蒙古国和哈萨克斯坦等国家在地理环境因素的影响下人口密度较低，均未超过 10 人/km²（图 3-7）。

就变化情况看，2000～2020 年，65 个共建国家中，47 个国家的人口密度呈现增加趋势，其中新加坡每平方千米增加的人口数量均超过 1000 人。同期，16 个国家的人口密度呈现降低趋势，其中因人口老龄化、生育意愿低、人口外迁较多等原因，罗马尼亚与波黑每平方千米减少的人口数量最多，2020 年较 2000 年人口密度分别减少了约 13.97 人/km² 和 16.82 人/ km²（图 3-7）。

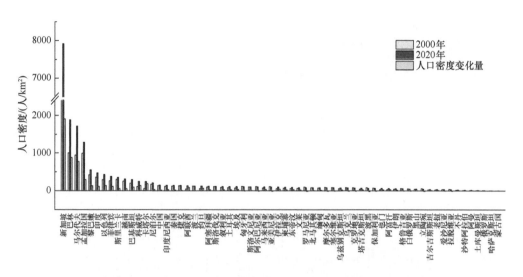

图 3-7　2000 年、2020 年丝绸之路共建国家人口密度及变化情况

数据来源：世界银行，缺少巴勒斯坦数据

### 3.1.3　城市化水平

城市化是指随社会生产力发展、科学技术的进步以及产业结构的调整，社会由以农业为主的传统乡村性社会向以第二三产业等其他非农业为主的逐渐转变的过程（Knox，1994）。城市化水平是衡量城市发展的数量指标，通常用城市人口占全部人口的百分比来表示。美国地理学家诺瑟姆按城市化水平高低，将城市化进程大致分初级阶段（城市化水平低于 30%）、中级阶段（城市化水平 30%～70%）、高级阶段（城市化水平大于 70%）。

**1. 总体情况：区域总体城市化水平处于中级阶段，低于全球平均水平，城市化率呈现逐年增高趋势**

2020 年，丝路共建地区城市化率约为 50.29%，低于全球城市化水平约 6%，整体处于城市化的中级阶段。从变化情况来看，2000～2020 年，丝路共建地区城市化水平整体逐年升高，近 20 年城市化率提升 12.44%，增长幅度略高于世界平均增长水平（图 3-8）。

**2. 地区格局：西亚及中东地区城市化水平最高，南亚地区最低；2000～2020 年，所有地区的城市化率均上升**

分地区看，2020 年，丝路 6 个共建地区的城市化水平差异显著。其中，西亚及中东地区城市化水平最高，为 66.09%，较同期丝路共建地区总体水平高出约 16%；其次为中东欧地区，城市化率为 64.42%；南亚地区城市化水平最低，仅为 34.89%，比丝路共建地区总体水平低 15%（图 3-9）。

就变化情况看，2000～2020 年，丝路各共建地区的城市化水平均有所上升。其中，中蒙俄地区城市化水平从 2000 年的 39.81% 上升到 2020 年的 62.68%；东南亚地区由 2000

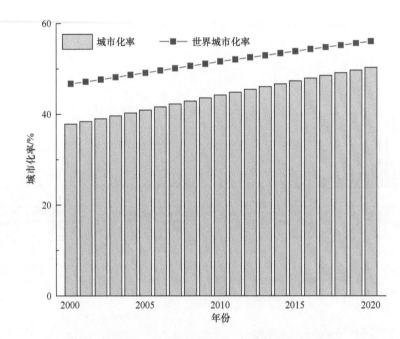

图 3-8　2000～2020 年丝路共建地区和世界的城市化率
数据来源：世界银行，缺少巴勒斯坦数据

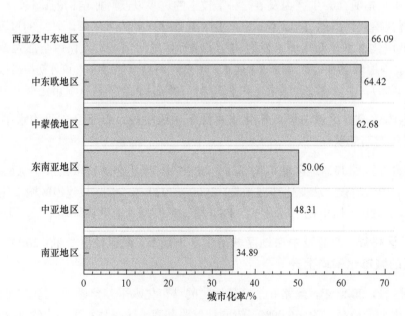

图 3-9　2020 年丝路共建各地区城市化水平
数据来源：世界银行，缺少巴勒斯坦 2000～2020 年数据

年的 37.95%增长到 2020 年的 50.06%；中东欧地区由于城市化水平较高，2000 年已达到 62.01%，2020 年为 64.42%（表 3-4）。

表 3-4　2000～2020 年丝路共建各区域城市化水平　　　　（单位：%）

| 区域 | 2000 年 | 2005 年 | 2010 年 | 2015 年 | 2020 年 |
|---|---|---|---|---|---|
| 中亚地区 | 45.61 | 46.68 | 47.97 | 48.10 | 48.31 |
| 中蒙俄地区 | 39.81 | 45.62 | 51.62 | 57.28 | 62.68 |
| 东南亚地区 | 37.95 | 41.14 | 44.41 | 47.26 | 50.06 |
| 南亚地区 | 27.42 | 29.07 | 30.86 | 32.76 | 34.89 |
| 中东欧地区 | 62.01 | 62.53 | 63.22 | 63.72 | 64.42 |
| 西亚及中东地区 | 59.21 | 61.02 | 63.05 | 64.68 | 66.09 |
| 丝路共建地区 | 37.85 | 40.94 | 44.22 | 47.29 | 50.29 |

注：数据来源：世界银行，缺少巴勒斯坦 2000～2020 年数据。

**3. 国别分布：20 个国家城市化水平处于高级阶段，5 个国家处于初级阶段；2000～2020 年，56 个国家城市化水平提高，仅 7 个国家城市化水平降低**

分国别看，丝路 65 个共建国家的城市化水平存在显著差异。2020 年，20 个国家城市化水平处于高级阶段，其中科威特和新加坡的城市化水平最高，约为 100%，其次为卡塔尔，城市化率达到 99%；乌克兰、爱沙尼亚等 39 个国家城市化率介于 30%～70% 的中级阶段；斯里兰卡、尼泊尔、柬埔寨等 5 个国家的城市化率较低，均未达到 30%，城市化水平仍处于初级阶段。

从变化情况来看，2000～2020 年，丝路 65 个共建国家中，56 个国家的城市化水平在提高，其中中国城市化水平增幅最大，2000～2020 年提高了 25.55%；阿尔巴尼亚、泰国等国家城市化水平增速也较高，城市化率增幅均超过 20%；斯里兰卡、拉脱维亚、捷克等国城市化进程缓慢，2000～2020 年城市化率增加小于 1%（图 3-10）。受人口规模减少、国际局势紧张、经济下滑等影响，亚美尼亚、摩尔多瓦、波兰和斯洛伐克等 7 个国家的城市化水平有所降低，其中斯洛伐克降幅最大，2000～2020 年城市化率降低 2.47%（图 3-11）。

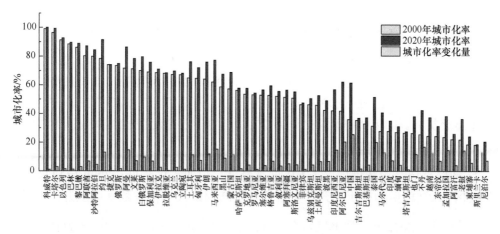

图 3-10　2000 年、2020 年丝路共建国家城市化率增加国家城市化水平及其变化

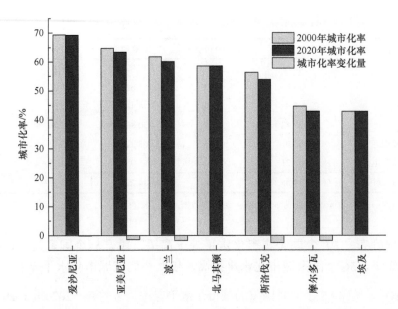

图 3-11　2000 年、2020 年丝路共建国家城市化率减少国家城市化水平及其变化

## 3.2　国民生产总值与格局

经济发展水平是指一个国家经济发展的规模、速度和所达到的水准。反映一个国家经济发展水平的常用指标有国民生产总值（GDP）、国民收入、人均国民收入、经济发展速度、经济增长速度等。本小节主要从国民生产总值和人均国内生产总值两个角度分析了 65 个共建国家的经济发展状况。

### 3.2.1　GDP 总量

**1. 总体情况：GDP 总体呈稳步增长态势，占比超过世界总量的 30%**

2020 年，丝路共建国家 GDP 总量约为 28.32 万亿美元，占世界 GDP 总量的 34.52%。就变化趋势看，2000 年以来丝路共建国家 GDP 呈现稳步增长态势，2000~2020 年，丝路共建国家的 GDP 总量增加了 19.45 万亿美元，增长了 2.19 倍，经济发展水平显著提升。相应占世界的比例由 2000 年的 18.34%上升到 2020 年的 34.52%，增加了 16.18%（图 3-12）。

**2. 地区格局：中蒙俄地区 GDP 总量最高，中亚地区最低；2000 年以来丝路各共建地区 GDP 总量均有所上升，中蒙俄地区增幅最大，中东欧地区上升幅度最小**

分地区看，2020 年丝路共建六个地区，中蒙俄 GDP 最高，为 16.05 万亿美元，超过丝路共建地区总量的一半，约占 57%；其次为西亚及中东地区和南亚地区，2020 年

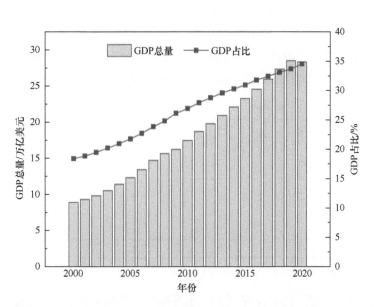

图 3-12　2000～2020 年丝路共建国家 GDP 总量及世界 GDP 占比

数据来源：世界银行，缺少阿富汗 2000～2001 年数据，缺少土库曼斯坦 2020 年数据，缺少也门 2019～2020 年数据，缺少巴勒斯坦 2000～2020 年数据

GDP 总量分别为 3.99 万亿和 3.25 万亿，依次约占丝路共建国家总量的 14.10%和 11.47%；中亚地区 GDP 总量最低，2020 年 GDP 总量仅为 0.33 万亿美元，约为丝路共建国家 GDP 总量的 1.17%（图 3-13）。

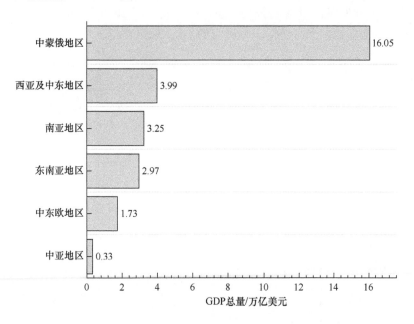

图 3-13　2020 年丝路共建各地区 GDP 总量

数据来源：世界银行，缺少也门、土库曼斯坦和巴勒斯坦 2020 年数据

从变化情况看，2000～2020 年，丝路共建国家的 GDP 总量均有所上升，其中，中

蒙俄地区 GDP 总量从 2000 年的 3.55 万亿美元上升到 2020 年的 16.05 万亿美元，增长了 351.63%，是增幅最大的地区；中东欧地区上升幅度最小，由 2000 年的 0.95 万亿美元上升为 2020 年的 1.73 万亿美元，增长幅度为 81.05%（表 3-5）。

表 3-5　2000～2020 年丝路共建各地区 GDP 总量　　　（单位：万亿美元）

| 区域 | 2000 年 | 2005 年 | 2010 年 | 2015 年 | 2020 年 |
|---|---|---|---|---|---|
| 东南亚地区 | 1.18 | 1.52 | 1.97 | 2.53 | 2.97 |
| 南亚地区 | 1.08 | 1.46 | 2.00 | 2.70 | 3.25 |
| 西亚及中东地区 | 1.98 | 2.45 | 3.02 | 3.71 | 3.99 |
| 中东欧地区 | 0.95 | 1.20 | 1.39 | 1.53 | 1.73 |
| 中蒙俄地区 | 3.55 | 5.48 | 8.81 | 12.44 | 16.05 |
| 中亚地区 | 0.11 | 0.17 | 0.24 | 0.32 | 0.33 |
| 丝路共建地区 | 8.87 | 12.28 | 17.44 | 23.23 | 28.32 |

注：数据来源于世界银行，缺少阿富汗、也门和土库曼斯坦 2000 年数据，缺少巴勒斯坦 2000 和 2020 年数据。

**3. 国别分布：中国 GDP 总量最高，不丹最低；多数国家 GDP 总量呈现增长趋势**

从丝路 65 个共建国家的 GDP 总量来看，2020 年仅中国 GDP 总量超过 10 万亿美元，排名第二的印度 GDP 总量超过 2 万亿美元，俄罗斯、印度尼西亚和土耳其 3 个国家的 GDP 总量介于 1 万亿～12 万亿美元之间；沙特阿拉伯、波兰、伊朗等 21 个国家 GDP 总量位于千亿美元；乌克兰、斯洛伐克和斯里兰卡等 30 个国家 GDP 总量量级位于百亿美元；摩尔多瓦、吉尔吉斯斯坦、黑山、马尔代夫、东帝汶和不丹六国的 GDP 总量低于 100 亿美元（图 3-14）。土库曼斯坦、也门和巴勒斯坦 2020 年 GDP 总量的数据暂缺，但从 2015 年数据来看，土库曼斯坦和也门的 GDP 总量均超过 100 亿美元。

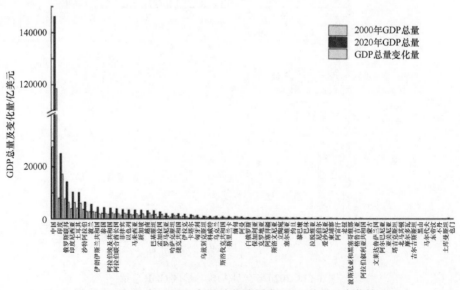

图 3-14　2000 年、2020 年丝路共建国家 GDP 总量及变化情况
数据来源：世界银行，缺少阿富汗 2000 年数据，缺少也门和土库曼斯坦 2020 年数据，
缺少巴勒斯坦 2000 年和 2020 年数据

就变化情况来看，丝路 65 个共建国家，多数国家的 GDP 呈现不同程度的增长。其中，增长量最多的是中国，2020 年较 2000 年增长了 11.85 万亿美元；其次是印度，增长了 1.71 万亿美元；黑山 2020 年较 2000 年的 GDP 增长量较少，仅 13.67 亿美元（图 3-14）。

## 3.2.2　人均 GDP

**1. 总体情况：2020 年，丝路共建地区人均 GDP 为 5856.03 美元，低于世界平均水平，但呈稳步上升趋势**

2020 年，丝路 65 个共建国家人均 GDP 为 5856.03 美元，低于世界水平。就变化情况来看，2000～2020 年，世界人均 GDP 增长了 4633.35 美元，增长率为 58.88%，丝路共建国家 GDP 稳步上升，增长了 3587.61 美元，增长了 1.58 倍，高于世界人均 GDP 的增幅（图 3-15）。

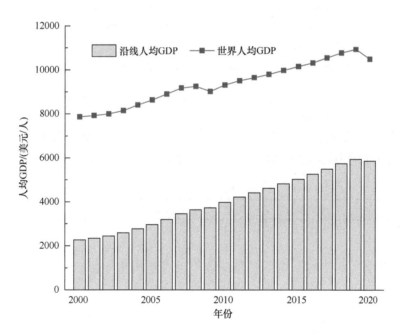

图 3-15　2000～2020 年丝路共建国家人均 GDP 及世界人均 GDP

数据来源：世界银行，缺少巴勒斯坦 2000～2020 年数据，缺少阿富汗 2000～2001 年数据，缺少也门 2019～2020 年数据，缺少土库曼斯坦 2020 年数据

**2. 地区格局：中蒙俄地区人均 GDP 最高，南亚地区最低；各地区的人均 GDP 均呈现上升趋势，中蒙俄地区增幅最大，西亚及中东地区增幅最小**

分地区看，2020 年丝路共建各个地区中，中蒙俄地区人均 GDP 最高，为 1.03 万美元/人，约为丝路共建国家人均 GDP 平均水平的 1.76 倍；其次为中东欧地区，人均 GDP 为 0.99 万美元/人，为丝路共建国家平均水平的 1.69 倍；南亚地区人均 GDP 最低，为 0.17 万美元/人，为丝路共建国家平均水平的 1/3（图 3-16）。

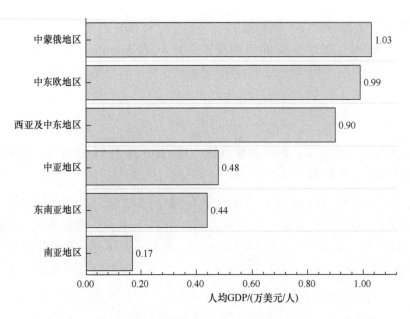

图 3-16 2020 年丝路共建各地区人均 GDP
数据来源：世界银行，缺少巴勒斯坦、也门和土库曼斯坦 2020 年数据

就变化情况来看，2000~2020 年，丝路共建不同地区的人均 GDP 均呈现上升趋势。其中，中蒙俄地区人均 GDP 从 2000 年的 0.25 万美元上升到 2020 年的 1.03 万美元，增长率超过 75%，增幅最大；西亚及中东地区 2000 年人均 GDP 处于各地区首位，为 0.62 万美元，2020 年的人均 GDP 为 0.90 万美元，增幅为 26.74%（表 3-6）。

表 3-6 2000~2020 年丝路共建各地区人均 GDP （单位：万美元/人）

| 区域 | 2000 年 | 2005 年 | 2010 年 | 2015 年 | 2020 年 |
| --- | --- | --- | --- | --- | --- |
| 东南亚地区 | 0.22 | 0.27 | 0.33 | 0.40 | 0.44 |
| 南亚地区 | 0.08 | 0.09 | 0.12 | 0.15 | 0.17 |
| 西亚及中东地区 | 0.62 | 0.69 | 0.76 | 0.85 | 0.90 |
| 中东欧地区 | 0.51 | 0.66 | 0.77 | 0.86 | 0.99 |
| 中蒙俄地区 | 0.25 | 0.38 | 0.59 | 0.81 | 1.03 |
| 中亚地区 | 0.21 | 0.29 | 0.38 | 0.47 | 0.48 |
| 丝路共建地区 | 0.23 | 0.3 | 0.4 | 0.5 | 0.59 |

注：数据来源于世界银行，缺少巴勒斯坦 2000 和 2020 年数据，缺少阿富汗 2000 年数据，缺少也门 2020 年数据，缺少土库曼斯坦 2020 年数据。

**3. 国别分布：丝路各共建国家人均 GDP 高低相差百倍，差异显著，2000 年以来大多数国家的人均 GDP 在增加**

就国别情况来看，2020 年新加坡、卡塔尔和阿联酋的人均 GDP 较高，均大于 4 万美元，而叙利亚和阿富汗的人均 GDP 均低于 1 千美元，国别差异显著。根据世界银行

2020 年最新标准①，丝路 65 个共建国家中，低收入国家为阿富汗、叙利亚和尼泊尔 3 国；中低收入国家包括埃及、印度尼西亚、约旦等 18 个国家；中高收入国家包含土耳其、哈萨克斯坦、罗马尼亚等 23 个国家；高收入国家涵盖以色列、文莱、科威特等 18 个国家。

就变化情况来看，2020 年较 2000 年 56 个国家的人均 GDP 在增加，其中新加坡的人均 GDP 增加量最大，为 24091.7 美元，共有 44 个国家的人均 GDP 增加量超过 1000 美元（图 3-17）。叙利亚、阿曼、文莱、科威特和阿联酋的人均 GDP 有所减少，其中阿联酋的人均 GDP 减少量达到了 17792.00 美元，是共建国家中人均 GDP 减少最多的国家（图 3-18）。

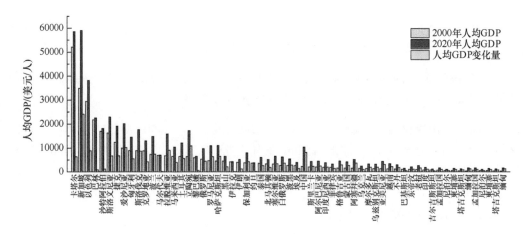

图 3-17　2000～2020 年丝路人均 GDP 增加共建国家人均 GDP 及变化情况

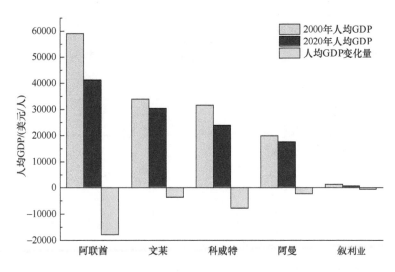

图 3-18　2000 年、2020 年丝路人均 GDP 减少共建国家人均 GDP 及变化情况

数据来源：世界银行，缺少巴勒斯坦 2000 和 2020 年数据，缺少阿富汗 2000 年数据，缺少也门 2020 年数据，缺少土库曼斯坦 2020 年数据

① 世界银行公布的最新数据显示，2020 年人均国民收入在 1045 美元及以下的为低收入水平，1046 美元至 4095 美元之间的为中低收入水平，4096 美元至 12695 美元之间的为中高收入水平，12696 美元及以上的为高收入水平。

## 3.3 农业发展

农业是提供支撑国民经济建设与发展的基础产业，农业发展对我国经济增长具有重要意义。本节将从农业耕地资源禀赋、农业投入、农业产值等方面揭示丝绸之路共建国家和地区的农业发展情况。

### 3.3.1 耕地资源禀赋

耕地资源是区域农业发展的基础条件。根据世界银行的统计，耕地主要指种植农作物的土地，包括熟地、新开发地、复垦地、整理地和休闲地。

**1. 总体情况：2000 年以来，丝路共建国家耕地总量呈先减后增，人均耕地面积不足 0.2hm²/人，并在 2000～2020 年呈现曲折下降趋势**

丝路共建国家耕地总面积呈先减少后增加的变化趋势，2000～2012 年，丝路共建国家的耕地总面积有所减少，由 7.02 亿 hm² 下降为 6.91 亿 hm²，共减少 0.11 亿 hm²。2013 年耕地面积有所上升，但由于城市化建设的需要以及耕地废弃流失等情况的影响（Chen et al.，2003），回升并不明显，2020 年丝路共建国家的耕地面积约为 6.96 亿 hm²，约占世界耕地总面积的 50.2%（图 3-19）。

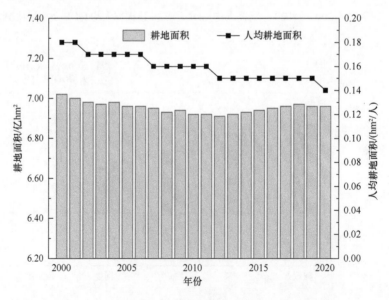

图 3-19　丝路 65 个共建国家耕地资源总量与人均耕地面积
数据来源：世界银行，缺少巴勒斯坦 2000～2020 年数据，黑山和塞尔维亚 2000～2005 年数据

从人均占有水平来看，2000～2020 年，丝路共建国家的人均耕地面积呈现曲折下降趋势，由 2000 年的 0.18hm²/人减少到 2020 年的 0.14hm²/人，减少 0.04hm²/人（图 3-19）。与世界人

均耕地面积相比较，2000～2020 年丝路共建地区人均耕地面积均小于世界人均水平。

**2. 地区格局：中蒙俄地区耕地规模最大，南亚和中东欧地区人均耕地资源占有水平最高**

分地区看，丝路 6 个共建地区的耕地资源总量和人均占有量差异显著。就耕地资源总量来看，2020 年，中蒙俄地区耕地面积最大，约为 2.42 亿 $hm^2$，占丝路共建地区总量的 1/3；南亚地区紧随其后，耕地资源面积为 2.06 亿 $hm^2$，占丝路共建地区总量的 29.56%；中亚地区耕地面积最小，为 0.38 亿 $hm^2$，占丝路共建地区总量的 5.41%（图 3-20）。就耕地总量的变化情况看，2000～2020 年，除东南亚地区外，丝路其余 5 个共建地区的耕地面积出现不同程度的减少，其中，南亚地区耕地面积降幅最大，从 2000 年的 2.11 亿 $hm^2$ 下降到 2020 年的 2.06 亿 $hm^2$；其次为中东欧地区，耕地面积由 2000 年的 0.85 亿 $hm^2$ 下降到 2020 年的 0.81 亿 $hm^2$；中亚、中蒙俄和西亚及中东地区下降幅度较小，下降幅度在 3% 以内（表 3-7）。

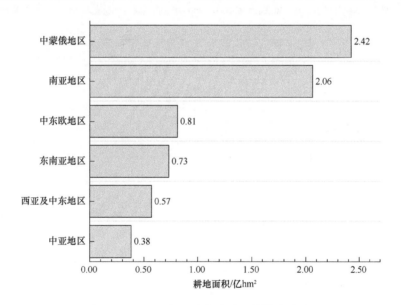

图 3-20　2020 年丝路共建地区的耕地总量
数据来源：世界银行，缺少巴勒斯坦 2020 年数据

从人均占有水平而言，2020 年，中亚和中东欧地区人均耕地面积分别为 $0.50hm^2$/人和 $0.47hm^2$/人，超过丝路共建地区平均水平的 3 倍，位列前茅。其次为中蒙俄和西亚及中东地区，人均耕地资源分别为 $0.16hm^2$/人和 $0.12hm^2$/人。南亚和东南亚地区人均耕地资源最少，均为 $0.11hm^2$/人，仅为丝路共建地区平均水平的 3/4（图 3-21）。就人均占有水平变化情况来看，2000～2020 年，除中东欧地区外，丝路共建地区的人均耕地资源均出现不同程度的降低。中亚地区人均耕地面积减少幅度最多，从 2000 年的 $0.70hm^2$/人下降到 2020 年的 $0.5hm^2$/人；西亚及中东和南亚地区其次，西亚及中东地区从 $0.18hm^2$/人下降到 $0.12hm^2$/人，南亚地区从 $0.15hm^2$/人下降到 $0.11hm^2$/人；中蒙俄和东南

51

表 3-7 2000~2020 年丝路共建地区的耕地面积

| 区域 | 2000 年 | | 2005 年 | | 2010 年 | | 2015 年 | | 2020 年 | |
| --- | --- | --- | --- | --- | --- | --- | --- | --- | --- | --- |
| | 总量/（亿 hm²） | 人均量/（hm²/人） | 总量/（亿 hm²） | 人均量/（hm²/人） | 总量/（亿 hm²） | 人均量/（hm²/人） | 总量/（亿 hm²） | 人均量/（hm²/人） | 总量/（亿 hm²） | 人均量/（hm²/人） |
| 东南亚地区 | 0.63 | 0.12 | 0.65 | 0.12 | 0.68 | 0.11 | 0.70 | 0.11 | 0.73 | 0.11 |
| 南亚地区 | 2.11 | 0.15 | 2.09 | 0.14 | 2.05 | 0.12 | 2.06 | 0.12 | 2.06 | 0.11 |
| 西亚及中东地区 | 0.59 | 0.18 | 0.61 | 0.17 | 0.56 | 0.14 | 0.56 | 0.13 | 0.57 | 0.12 |
| 中东欧地区 | 0.85 | 0.45 | 0.79 | 0.43 | 0.81 | 0.45 | 0.81 | 0.46 | 0.81 | 0.47 |
| 中蒙俄地区 | 2.45 | 0.17 | 2.44 | 0.17 | 2.44 | 0.16 | 2.43 | 0.16 | 2.42 | 0.16 |
| 中亚地区 | 0.39 | 0.70 | 0.37 | 0.63 | 0.37 | 0.58 | 0.38 | 0.55 | 0.38 | 0.50 |
| 丝路共建地区 | 7.02 | 0.18 | 6.96 | 0.17 | 6.92 | 0.16 | 6.94 | 0.15 | 6.96 | 0.14 |

注：数据来源于世界银行，缺少黑山和塞尔维亚 2000、2005 年数据，缺少巴勒斯坦 2000、2020 年数据。

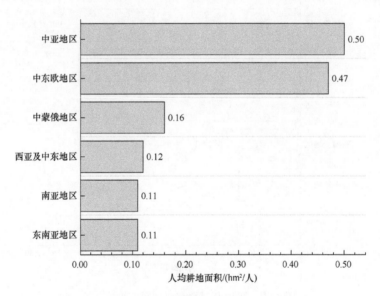

图 3-21 2020 年丝路共建地区的耕地人均占有量
数据来源：世界银行，缺少巴勒斯坦 2020 年数据

亚地区人均耕地面积变化相对较小，中蒙俄地区从 0.17hm²/人下降到 0.16hm²/人，东南亚地区从 0.12hm²/人下降到 0.11hm²/人，中东欧地区人均耕地面积 2000 年以来变化不大（表 3-7）。

**3. 国别分布：不同国家耕地面积差异明显，印度、俄罗斯、中国耕地资源总量位居前列，哈萨克斯坦的人均耕地面积最多，2000~2020 年 3/4 国家人均耕地面积在下降**

分国别看，2020 年丝路共建国家耕地资源数量差异较大。印度、俄罗斯和中国的耕地资源数量较大，耕地面积均超过 1 亿 hm²。其中，印度是丝路共建地区拥有耕地数量最多的国家，耕地面积为 1.55 亿 hm²；乌克兰、巴基斯坦、哈萨克斯坦等 9 个国家的耕地面积量级在千万级；罗马尼亚、孟加拉国、阿富汗等 29 个国家的耕地面积量级在百万级；克罗地亚、塔吉克斯坦、马来西亚等 13 个国家的耕地面积量级位于十万级；不丹、阿曼、阿联酋和卡塔尔的耕地面积量级位于万级，黑山、科威特、文莱等 6 个国家的耕地面积较小，不到 1 万 hm²。就变化情况看，2000～2020 年，丝路 65 个共建国家中，有 29 个国家耕地面积在增加，32 个国家耕地面积在减少，土库曼斯坦耕地面积稳定，塞尔维亚、巴勒斯坦和黑山三个国家的数据暂缺。其中，耕地资源规模增加最多的国家主要包括印度尼西亚、泰国和缅甸，增量超过 100 万 hm²（图 3-22）；耕地资源减少的国家主要是印度、土耳其和波兰等国，其中印度减少数量最多，2020 年较 2000 年减少 556.09 万 hm²（图 3-23）。

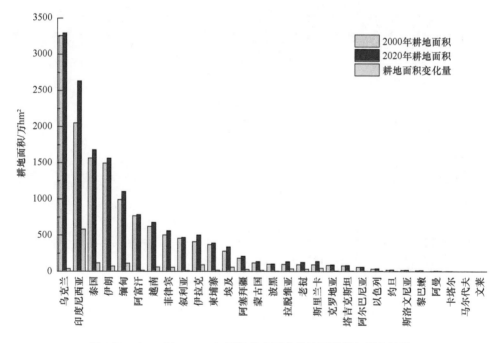

图 3-22　2000 年、2020 年丝路共建国家耕地面积增加国家情况

从人均耕地资源量来看，2020 年，9 个共建国家的人均耕地面积超过 0.50hm²/人，其中哈萨克斯坦的人均耕地面积 1.58hm²/人，居于首位。2020 年，55 个共建国家的人均耕地面积低于 0.50hm²/人，其中阿联酋的人均耕地面约 0.01hm²/人，居于末位（图 3-24）。就变化情况来看，2000～2020 年，49 个共建国家的人均耕地面积在减少，其中，哈萨克斯坦的人均耕地面积减少最多，约 0.45hm²/人。15 个共建国家的人均耕地面积有所增加，增加数量普遍较低。

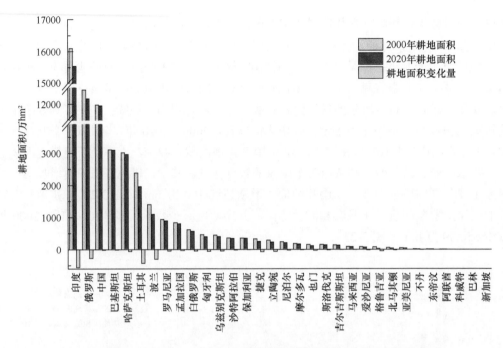

图 3-23　2000 年、2020 年丝路共建国家耕地面积减少国家情况
数据来源：世界银行，缺少黑山和塞尔维亚 2000 年数据，缺少巴勒斯坦 2000 和 2020 年数据

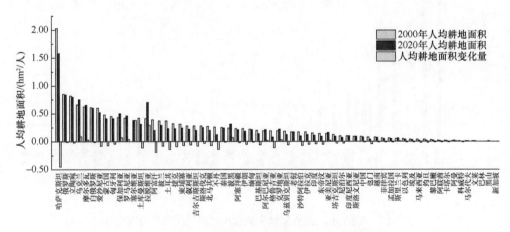

图 3-24　2000 年、2020 年丝路各共建国家人均耕地面积
数据来源：世界银行，缺少巴勒斯坦 2000～2020 年数据，黑山和塞尔维亚 2000 年数据

### 3.3.2　农业投入

区域中的农机、电力、化肥、灌溉等的投入量是反映农业投入水平的重要指标。依据数据的可得性，本节以农用化肥施用量为衡量指标，定量揭示丝路共建国家的农业投入水平。农用化肥施用量是指本年内实际用于农业生产的化肥数量，包括氮肥、磷肥、钾肥和复合肥。在一定的环境下，化肥施用量和作物产量成正比，但过度施用化肥会导

致土壤性状恶化、植株萎蔫和产品品质下降等问题。

**1. 全域水平：丝绸之路共建国家的化肥施用量呈现缓慢上升的趋势，2007 年开始化肥施用量超过 1 亿 t**

2000～2020 年，丝路共建国家的化肥施用量总体呈现缓慢上升的趋势，由 2000 年的 7728.3 万 t 增加至 2007 年的 1 亿 t，2020 年达到 1.23 亿 t。从占世界化肥施用量比例看，丝路共建地区化肥施用量占世界的比例在 2000～2009 年波动中上升，2009 年达到峰值 67% 后有所下降，2020 年占世界总施用量的 60.43%（图 3-25）。从单位用量水平看，2000～2020 年丝路共建国家的单位面积化肥施用量变化趋势与化肥施用总量变化趋势相同，2000～2010 年快速上升，2010 年以后缓慢波动上升，总体由 2000 年的 104.26kg/hm$^2$ 增加至 2020 年的 166.93kg/hm$^2$（图 3-26）。

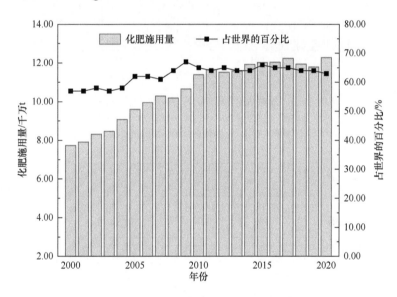

图 3-25　丝绸之路 65 个共建国家的化肥施用量及占世界的百分比

**2. 分区尺度：东南亚地区单位面积化肥施用量最高，中亚地区最低；2000～2020 年，所有 6 个地区单位化肥施用量均上升**

分地区来看，2020 年东南亚地区单位面积化肥施用量最多，为 220.83kg/hm$^2$，约为丝路共建国家平均水平的 1.32 倍，国际公认的化肥施用安全上限是 225kg/hm$^2$，因此东南亚地区接近安全上限；其次为中蒙俄地区和南亚地区，单位面积化肥施用量分别为 201.77kg/hm$^2$ 和 197.34kg/hm$^2$。中亚地区单位面积化肥施用量最少，为 43.14 kg/hm$^2$（图 3-27）。

就变化情况来看，2000～2020 年，丝路 6 个共建地区单位化肥施用量均有所上升。其中，南亚地区化肥施用量变化最为明显，从 2000 年的 100.87kg/hm$^2$ 增加到 2020 年

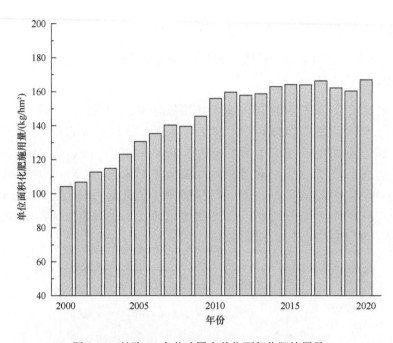

图 3-26  丝路 65 个共建国家单位面积化肥施用量

数据来源：世界银行，缺少东帝汶、老挝、巴勒斯坦 2000～2020 年数据，文莱、不丹、柬埔寨、马尔代夫 2000～2001 年数据，黑山、塞尔维亚 2000～2005 年数据

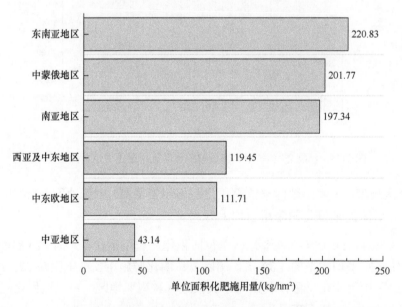

图 3-27  2020 年丝路共建地区单位面积化肥施用量

数据来源：世界银行，缺少东帝汶、老挝、巴勒斯坦 2020 年数据

的 197.34kg/hm²，单位面积增加了 96.47kg；东南亚地区次之，2000～2020 年每公顷化肥施用量增加了 75.51kg；第三为中蒙俄和中东欧地区，近 20 年每公顷分别增加 56.42kg 和 54.71kg；中亚地区增量最少，仅增加 19.58 kg/hm²（表 3-8）。

表 3-8　2000～2020 年丝路共建各区域单位面积化肥施用量　　（单位：kg/hm²）

| 区域 | 2000 年 | 2005 年 | 2010 年 | 2015 年 | 2020 年 |
|---|---|---|---|---|---|
| 东南亚地区 | 145.32 | 150.48 | 179.27 | 203.58 | 220.83 |
| 南亚地区 | 100.87 | 124.27 | 166.35 | 163.98 | 197.34 |
| 西亚及中东地区 | 103.81 | 106.83 | 100.54 | 95.25 | 119.45 |
| 中东欧地区 | 57.00 | 72.04 | 89.80 | 94.85 | 111.71 |
| 中蒙俄地区 | 145.35 | 193.04 | 218.75 | 237.49 | 201.77 |
| 中亚地区 | 23.56 | 24.42 | 34.95 | 44.68 | 43.14 |
| 丝路共建地区 | 104.26 | 130.60 | 155.97 | 164.05 | 166.93 |

注：数据来源于世界银行，缺少东帝汶、老挝、巴勒斯坦 2000 年、2005 年、2010 年、2015 年和 2020 年数据，文莱、不丹、柬埔寨、马尔代夫 2000 年数据，黑山、塞尔维亚 2000 年和 2005 年数据。

**3. 国别格局：丝路共建国家化肥施用量差异显著，2000～2020 年，42 个国家的化肥施用量均有所增加，13 个国家的化肥施用量有所减少**

分国别看，2020 年，印度和中国的化肥施用量超过千万吨；印度尼西亚、巴基斯坦等 15 个国家的化肥施用量级位于百万吨；罗马尼亚、匈牙利等 18 个国家的化肥施用量级位于十万吨；波黑、亚美尼亚等 19 个国家的化肥施用量级位于万吨；科威特、卡塔尔等 7 个国家的化肥施用量不足万吨，其中，马尔代夫的化肥施用量较少，仅 0.03t（图 3-28 和图 3-29）。

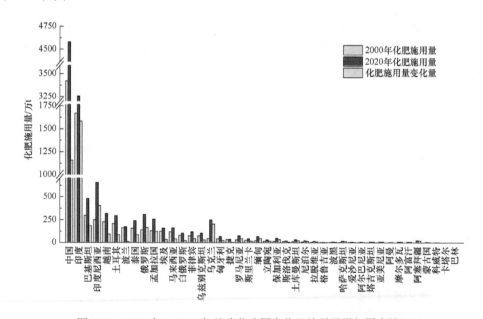

图 3-28　2000 年、2020 年丝路共建国家化肥施用量增加国家情况

从总量变化情况来看，2000～2020 年，丝路 65 个共建国家中，42 个国家的化肥施用量均有所增加，其中印度的化肥施用量增加最多，为 1583.3 万 t；13 个国家的化肥施用量有所减少，其中叙利亚的化肥施用量减少最多，为 33.45 万 t（图 3-28 和图 3-29）。

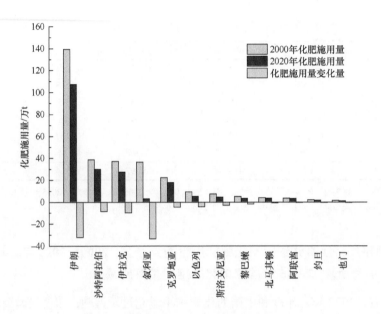

图 3-29　丝路共建国家化肥施用量减少国家情况

数据来源：世界银行，缺少东帝汶、老挝、巴勒斯坦 2000～2020 年数据，文莱、不丹、柬埔寨、马尔代夫、黑山、塞尔维亚 2000 年数据，缺少新加坡 2020 年数据

从单位面积化肥施用量情况看，2000～2020 年，丝路 65 个共建国家的单位面积化肥施用量差异较大，其中马来西亚的单位面积化肥施用量最多，2000 年和 2020 年分别为 1367.88kg/hm² 和 1952.09kg/hm²；哈萨克斯坦最少，2000 年和 2020 年仅分别为 1.23kg/hm² 和 5.57kg/hm²。从变化情况看，近 20 年巴林的单位面积化肥施用量增量最多，为 1073.64kg/hm²；斯洛文尼亚国际减量最多，为 180.90kg/hm²（图 3-30 和图 3-31）。

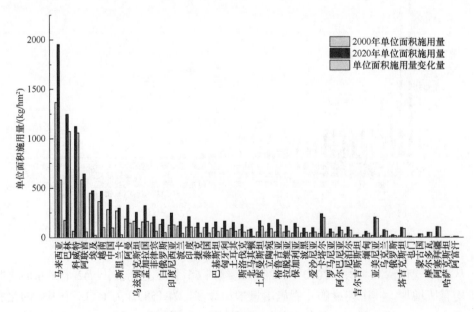

图 3-30　丝路共建国家单位面积化肥施用量增加国家情况

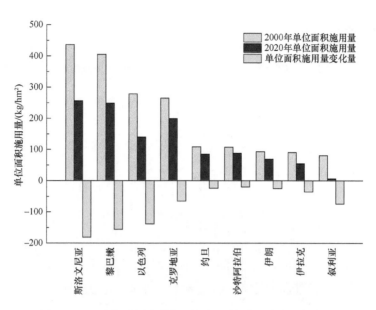

图 3-31　丝路共建国家单位面积化肥施用量减少国家情况

### 3.3.3　农业增加值占比

农业增加值指在报告期（一年）内农林牧渔及农林牧渔业生产货物或提供活动而增加的价值，是农林牧渔业现价总产值扣除农林牧渔业现价中间投入后的余额。农业增加值占比是指农业增加值占国内生产总值的比重，用于反映农业及相关产业对国内生产总值的经济贡献。

**1. 总体情况：2000～2020 年丝路共建地区农业增加值占比整体呈现波动下降的趋势**

2000～2020 年，丝路 65 个共建国家农业增加值占比波动下降，从 2000 年的 8.03%下降 2020 年的 5.83%。与世界平均水平对比看，2000～2020 年，丝路 65 个共建国家的农业增加值占 GDP 比重均高于世界平均占比，但随着世界农业增加值占比的波动上升和丝路地区的波动下降，二者之间的差距在逐步缩小（图 3-32）。

**2. 地区情况：南亚农业增加值占比最大，其次为东南亚和中东欧地区，中蒙俄地区农业增加值占比最小；2000～2020 年，除中蒙俄地区外，丝路各共建地区农业增加值占比均有所下降**

分地区看，2020 年，丝路六个共建地区中，南亚的农业增加值占 GDP 比重最大，为 14.37%，约为丝路共建国家平均水平的 2 倍；其次为东南亚地区和中东欧地区，分别为 6.94%和 5.21%，接近丝路全域平均水平；中蒙俄地区农业增加值占比最小，为 4.32%，约为丝路共建国家平均水平的 2/3（图 3-33）。

从变化情况看，2000～2020 年，除中蒙俄地区外，不同地区农业增加值占 GDP 比重均有所下降，其中，西亚及中东地区下降最多，由 2000 年的 10.84%下降到 2020 年

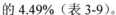

的 4.49%（表 3-9）。

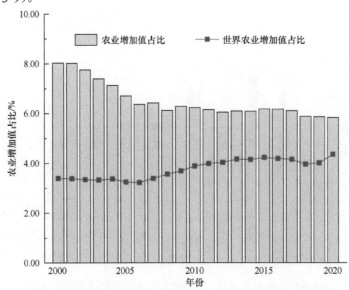

图 3-32  丝路 65 个共建国家及世界农业增加值占 GDP 比重

数据来源：世界银行，缺少巴勒斯坦 2000～2020 年数据，阿富汗 2000～2001 年数据，巴林 2000～2005 年数据，
马尔代夫 2000～2003 年数据，缅甸 2000 年数据，土耳其 2020 年数据，匈牙利 2000～2011 年数据，
亚美尼亚 2019～2020 年数据

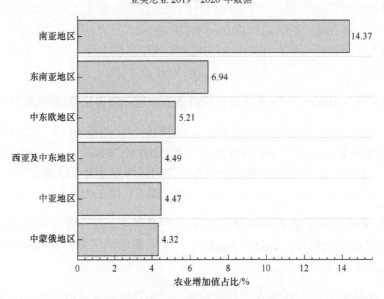

图 3-33  2020 年丝路各共建地区农业增加值占比

数据来源：世界银行，缺少巴勒斯坦 2020 年数据，土耳其 2020 年数据，亚美尼亚 2020 年数据

**3. 国别分布：2020 年 7 个国家的农业增加值占比超过 20%，9 个国家的农业增加值占比介于 10%～20%，48 个国家的农业增加值占比低于 10%**

分国别看，2020 年，叙利亚、阿富汗、塔吉克斯坦等 7 个国家的农业增加值占比超

表 3-9　2000～2020 年丝路各共建地区农业增加值占比　　（单位：%）

| 区域 | 2000 年 | 2005 年 | 2010 年 | 2015 年 | 2020 年 |
|---|---|---|---|---|---|
| 东南亚地区 | 7.56 | 7.93 | 8.03 | 7.21 | 6.94 |
| 南亚地区 | 17.97 | 15.08 | 15.31 | 14.61 | 14.37 |
| 西亚及中东地区 | 10.84 | 8.72 | 6.78 | 6.26 | 4.49 |
| 中东欧地区 | 6.95 | 5.88 | 5.17 | 6.10 | 5.21 |
| 中蒙俄地区 | 3.93 | 3.45 | 3.81 | 4.20 | 4.32 |
| 中亚地区 | 6.47 | 5.36 | 3.69 | 3.68 | 4.47 |
| 丝路共建地区 | 8.03 | 6.71 | 6.23 | 6.18 | 5.83 |

注：数据来源于世界银行，缺少巴勒斯坦 2000 年、2005 年、2010 年、2015 年和 2020 年数据，阿富汗 2000 年数据，巴林 2000 年、2005 年数据，马尔代夫 2000 年数据，缅甸 2000 年数据，土耳其 2020 年数据，匈牙利 2000 年、2005 年、2010 年数据，亚美尼亚 2020 年数据。

过 20%，其中叙利亚的农业增加值占比最高，为 36.63 %；阿尔巴尼亚、不丹、老挝等 9 个国家的农业增加值占比介于 10%～20%；摩尔多瓦、北马其顿、马来西亚等 48 个国家的农业增加值占比低于 10%，多为中东欧国家，其中巴林的农业增加值占比最低，为 0.31%。

就变化情况来看，2000～2020 年，16 个国家的农业增加值占比提高，其中叙利亚提高了 11.90%，乌兹别克斯坦提高了 7.13%（图 3-34）；48 个国家的农业增加值占比有所下降，其中，乌克兰 2020 年较 2000 年下降了 22.76%（图 3-35）。

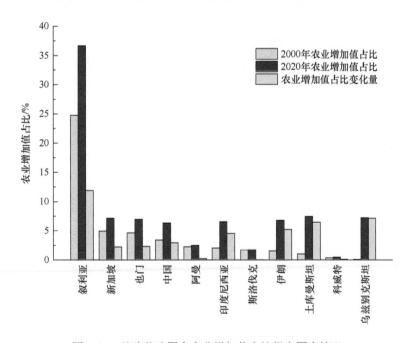

图 3-34　丝路共建国家农业增加值占比提高国家情况

61

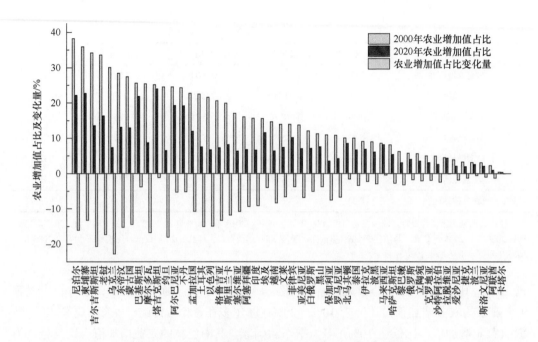

图 3-35　丝路共建国家农业增加值占比降低国家情况

数据来源：世界银行，缺少巴勒斯坦 2000～2020 年数据，阿富汗、巴林、，马尔代夫、缅甸、匈牙利 2000 年数据，土耳其、亚美尼亚 2020 年数据

# 第 4 章　丝路共建国家和地区土地资源供给能力

食物产量是土地资源生产能力的重要表征，也是土地资源承载力评价的基础。丝路共建国家和地区食物生产的资源条件各有不同，生产能力和规模也存在较大差异，本章基于 FAO 食物生产数据，从植物性食物到动物性食物，系统分析了丝路共建各地区以及国别等不同尺度食物产量变化特征与地域格局，为进一步开展丝路共建国家和地区土地资源承载力评价提供科学依据与量化支持。

## 4.1　数据来源与处理

在食物生产方面，主要是食物产量数据，包括谷物、薯类、糖料、豆类、坚果、油料、蔬菜、水果、香料等植物性食物 9 大类，肉类、蛋类、奶类和蜂蜜等动物性食物 4 大类，共计 180 种。数据主要来源于 1995～2018 年联合国粮食与农业组织生产数据库。

需要指出，在生产端，新加坡和巴林无数据，相应分析不包括这两个国家。塞尔维亚和黑山的历史数据是根据现状比例对原塞尔维亚和黑山国家联盟数据进行分解得出。在分区和全域计算时，直接使用塞尔维亚和黑山国家联盟数据对塞尔维亚和黑山两国的数据进行替代。

## 4.2　植物性食物供给

### 4.2.1　全域水平

从规模总量来看，丝路共建国家植物性食物生产规模逐渐扩大。1995～2018 年，谷物产量从 11.27 亿 t 增长至 17.23 亿 t，2018 年较 1995 年增长了 52.93%（图 4-1）。薯类生产稳定性相对较差，从 3.59 亿 t 增长至 4.04 亿 t，2018 年较 1995 年增长了 12.48%。豆类波动增加，从 3141.53 万 t 增长至 4937.0 万 t，2018 年较 1995 年增长了 57.15%。油料基本保持持续增加态势，从 3.61 亿 t 增长至 6.17 亿 t，2018 年较 1995 年增长了 1.67倍。糖料呈现波动增长态势，从 6.43 亿 t 增长至 9.44 亿 t，2018 年较 1995 年增长了 46.79%。蔬菜产量呈现持续增长态势，从 3.51 亿 t 增长至 8.84 亿 t，2018 年较 1995 年增长了 1.52倍。水果产量呈现持续增长态势，从 2.19 亿 t 增长至 5.31 亿 t，2018 年较 1995 年增长了 1.43 倍。坚果产量基本保持持续增长态势，从 302.59 万 t 增至 892.71 万 t，2018 年较 1995 年增长了 1.95 倍。

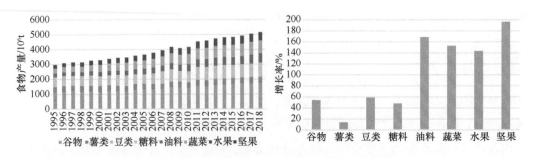

图 4-1　丝路共建国家主要植物性食物生产规模与增长率

### 4.2.2　分区尺度

从地域差异来看，丝路不同共建地区植物性食物产量差异明显，增减变化不一，具体如下：

（1）谷物主要集中于中蒙俄地区、南亚地区和东南亚地区。2018 年，中蒙俄地区谷物产量达到了 7.19 亿 t，约占丝路共建地区的 41.74%。南亚地区产量达到了 4.43 亿 t，约占丝路共建地区的 25.70%。东南亚和中东欧地区产量也较高，分别达到了 2.53 亿 t 和 1.96 亿 t，分列第三和第四位，分别占丝路共建地区 14.66% 和 11.37%。西亚及中东地区和中亚地区谷物产量有限，占比均不足丝路共建地区的 5%（表 4-1）。

从变化情况来看，1995~2018 年，中蒙俄谷物产量增加最多，达到了 2.41 亿 t，增长了 50.37%。南亚地区增量也较大，增加了 1.67 亿 t，增长了 60.58%，占丝路共建国家比重也增长了 1.22%。东南亚地区产量增加了 1.02 亿，增长了 67.68%。

（2）薯类主要集中于中蒙俄地区、东南亚地区和南亚地区。2018 年，中蒙俄地区薯类产量达到了 1.73 亿 t，约占丝路共建地区的 42.74%。东南亚地区和南亚地区次之，产量分别达到了 8415.56 万 t 和 7754.95 万 t，分别占丝路共建地区的 20.83% 和 19.19%。中东欧地区产量也较高，达到了 4211.67 万 t，位居第四位，占丝路共建地区 10.42%。西亚及中东地区、中亚地区薯类产量有限，占比均不足丝路共建地区的 5%（表 4-2）。

表 4-1　丝路各共建地区谷物产量及其占比

| 区域 | 1995 年 | | 2018 年 | |
|---|---|---|---|---|
| | 产量/万 t | 占比/% | 产量/万 t | 占比/% |
| 中亚地区 | 1511.44 | 1.34 | 3041.32 | 1.77 |
| 中东欧地区 | 13107.55 | 11.63 | 19588.30 | 11.37 |
| 中蒙俄地区 | 47827.83 | 42.45 | 71917.98 | 41.74 |
| 南亚地区 | 27571.81 | 24.47 | 44275.74 | 25.70 |
| 东南亚地区 | 15068.44 | 13.37 | 25267.48 | 14.66 |
| 西亚及中东地区 | 7584.80 | 6.73 | 8219.48 | 4.77 |
| 丝路共建地区 | 112671.87 | 100.00 | 172310.29 | 100.00 |

注：个别数据略有误差为修约所致，本书余同。

表 4-2　丝路各共建地区薯类产量及其占比

| 区域 | 1995 年 | | 2018 年 | |
|---|---|---|---|---|
| | 产量/万 t | 占比/% | 产量/万 t | 占比/% |
| 中亚地区 | 272.38 | 0.76 | 944.05 | 2.34 |
| 中东欧地区 | 6154.06 | 17.13 | 4211.67 | 10.42 |
| 中蒙俄地区 | 20794.68 | 57.89 | 17269.08 | 42.74 |
| 南亚地区 | 2964.30 | 8.25 | 7754.95 | 19.19 |
| 东南亚地区 | 4344.10 | 12.09 | 8415.56 | 20.83 |
| 西亚及中东地区 | 1389.39 | 3.87 | 1807.05 | 4.47 |
| 丝路共建地区 | 35918.91 | 100.00 | 40402.36 | 100.00 |

　　从变化情况来看，各地区薯类产量变化差异明显。1995~2018 年，中东欧和中蒙俄薯类产量均呈现下降趋势，2018 年较 1995 年分别下降了 31.56% 和 16.95%。同期，中亚地区、南亚地区、东南亚地区薯类产量显著增加，2018 年较 1995 年分别增加了 671.67 万 t、4790.65 万 t 和 4071.46 万 t，分别增长了 246.60%、161.61% 和 93.72%，占丝路共建国家比重也分别增加了 1.58%、10.94% 和 8.74%。

　　（3）豆类产量地域差异显著，主要集中于南亚、东南亚地区。2018 年，南亚地区豆类产量达到了 2693.26 万 t，约占丝路沿线的 54.55%。中蒙俄和东南亚地区次之，产量分别达到了 845.06 万 t 和 757.30 万 t，分别占丝路共建地区的 17.12% 和 15.34%。其余地区产量均不足 300 万 t，占比也较低。从变化情况来看，各地区豆类产量变化差异明显。1995~2018 年，西亚及中东地区、中东欧地区豆类产量呈现下降趋势，2018 年较 1995 年分别下降了 32.31%、1.03%。同期，南亚、东南亚地区豆类量显著增加，2018 年较 1995 年分别增加了 1021.16 万 t 和 537.69 万 t，分别增长了 0.61 倍和 2.45 倍，占丝路共建国家比重也分别增加了 1.33% 和 8.35%。中亚地区豆类产量快速扩张，2018 年较 1995 年产量增加了 108.22 万 t，增幅 14 倍有余（表 4-3）。

表 4-3　丝路各共建地区豆类产量及其占比

| 区域 | 1995 年 | | 2018 年 | |
|---|---|---|---|---|
| | 产量/万 t | 占比/% | 产量/万 t | 占比/% |
| 中亚地区 | 7.49 | 0.24 | 115.71 | 2.34 |
| 中东欧地区 | 293.63 | 9.35 | 290.62 | 5.89 |
| 中蒙俄地区 | 601.43 | 19.14 | 845.06 | 17.12 |
| 南亚地区 | 1672.10 | 53.23 | 2693.26 | 54.55 |
| 东南亚地区 | 219.60 | 6.99 | 757.30 | 15.34 |
| 西亚及中东地区 | 347.28 | 11.05 | 235.08 | 4.76 |
| 丝路共建地区 | 3141.53 | 100.00 | 4937.01 | 100.00 |

　　（4）油料产量地域差异显著，主要集中于东南亚地区。2018 年，东南亚地区油料产量达到了 3.97 亿 t，约占丝路共建地区的 64.29%。中蒙俄地区和南亚地区次之，产量分

别达到了 8977.43 万 t 和 7229.25 万 t，分别占丝路共建地区的 14.55% 和 11.72%，其余地区产量均较低（表 4-4）。

表 4-4　丝路各共建地区油料产量及其占比

| 区域 | 1995 年 | | 2018 年 | |
|---|---|---|---|---|
| | 产量/万 t | 占比/% | 产量/万 t | 占比/% |
| 中亚地区 | 614.44 | 2.66 | 646.29 | 1.05 |
| 中东欧地区 | 904.95 | 3.92 | 4089.49 | 6.63 |
| 中蒙俄地区 | 5677.71 | 24.59 | 8977.43 | 14.55 |
| 南亚地区 | 4734.72 | 20.51 | 7229.25 | 11.72 |
| 东南亚地区 | 10392.67 | 45.01 | 39672.24 | 64.29 |
| 西亚及中东地区 | 765.51 | 3.32 | 1093.08 | 1.77 |
| 丝路共建地区 | 23090.00 | 100.00 | 61707.78 | 100.00 |

从变化情况来看，各地区油料产量均有所增长。其中，1995～2018 年，东南亚地区油料产量增加了 2.93 亿 t，增量居首，2018 年较 1995 年增长了 281.73%，占比从 45.01% 增长至 64.29%。中蒙俄地区、中东欧地区和南亚地区分别增加了 3299.72 万 t、3184.54 万 t 和 2494.53 万 t，2018 年较 1995 年分别增长了 58.12%、251.90% 和 52.69%。

（5）糖料主要集中于南亚和东南亚地区。2018 年，南亚地区糖料产量达到了 4.55 亿 t，约占丝路共建地区的 48.22%。东南亚地区次之，产量达到了 2.22 亿 t，占丝路共建地区的 23.49%。中蒙俄地区产量也较高，占丝路共建地区的 17.10%，其余地区产量占比均较低（表 4-5）。

变化情况来看，各地区糖料产量增减变化不一。其中，1995～2018 年，中东欧地区糖料产量减少了 1706.01 万 t，占丝路共建地区比重下降了 4.87%。同期，南亚和东南亚地区糖料产量分别增加了 1.22 亿 t 和 1.08 亿 t，2018 年较 1995 年分别增长了 95.25% 和 36.49%。此外，中蒙俄地区糖料产量也有明显增长，2018 年较 1995 年增加了 6296.67 万 t，增长了 63.84%。

表 4-5　丝路各共建地区糖料产量及其占比

| 区域 | 1995 年 | | 2018 年 | |
|---|---|---|---|---|
| | 产量/万 t | 占比/% | 产量/万 t | 占比/% |
| 中亚地区 | 49.26 | 0.08 | 152.15 | 0.16 |
| 中东欧地区 | 6181.36 | 9.61 | 4475.34 | 4.74 |
| 中蒙俄地区 | 9847.30 | 15.31 | 16143.97 | 17.10 |
| 南亚地区 | 33355.13 | 51.85 | 45528.04 | 48.22 |
| 东南亚地区 | 11360.71 | 17.66 | 22181.59 | 23.49 |
| 西亚及中东地区 | 3534.22 | 5.49 | 5945.11 | 6.30 |
| 丝路共建地区 | 64327.98 | 100.00 | 94426.21 | 100.00 |

（6）蔬菜主要集中于中蒙俄和南亚地区。2018 年，中蒙俄地区蔬菜产量达到了 58756.82 万 t，约占丝路共建地区的 66.50%。南亚地区次之，产量达到了 14803.95 万 t，

占丝路共建地区的 16.75%。西亚及中东地区产量位居第三位，达到了 6162.90 万 t，占丝路共建地区比重为 6.97%。其余地区产量均较低，占比也较低（表 4-6）。

表 4-6　丝路各共建地区蔬菜产量及其占比

| 区域 | 1995 年 | | 2018 年 | |
|---|---|---|---|---|
| | 产量/万 t | 占比/% | 产量/万 t | 占比/% |
| 中亚地区 | 469.53 | 1.34 | 1714.38 | 1.94 |
| 中东欧地区 | 2319.91 | 6.61 | 2325.40 | 2.63 |
| 中蒙俄地区 | 19407.93 | 55.31 | 58756.82 | 66.50 |
| 南亚地区 | 6407.54 | 18.26 | 14803.95 | 16.75 |
| 东南亚地区 | 2207.66 | 6.29 | 4594.27 | 5.20 |
| 西亚及中东地区 | 4277.60 | 12.19 | 6162.90 | 6.97 |
| 丝路共建地区 | 35090.17 | 100.00 | 88357.73 | 100.00 |

变化情况来看，各地区蔬菜产量均有所增长。其中，1995～2018 年，中蒙俄地区蔬菜产量增加了 3.93 亿 t，2018 较 1995 年增长了 202.75%，占丝路共建地区比重增加了 11.19%。同期，南亚和东南亚地区蔬菜产量分别增加了 8396.41 万 t 和 2386.61 万 t，2018 年较 1995 年分别增长了 131.04% 和 108.11%。此外，中亚地区蔬菜产量也有明显增长，2018 年较 1995 年增长了 265.12%。

（7）水果主要集中于中蒙俄地区、南亚地区。2018 年，中蒙俄地区水果产量达到了 2.45 亿 t，约占丝路共建地区的 46.14%。南亚地区次之，产量达到了 1.22 亿 t，占丝路共建地区的 22.90%。西亚及中东、东南亚地区产量位居第三、四位，达到了 6976.76 万 t 和 6278.73 万 t，分别占丝路共建地区比重为 13.14% 和 11.82%。其余地区产量均较低，占比也较低（表 4-7）。

变化情况来看，各地区水果产量均有所增长。其中，1995～2018 年，中蒙俄地区水果产量增加了 1.76 亿 t，2018 较 1995 年增长了 252.66%，占丝路共建地区比重增加了 14.41%。同期，南亚和东南亚地区水果产量分别增加了 7414.57 万 t 和 2693.29 万 t，2018 年较 1995 年分别增长了 1.56 倍和 0.75 倍。此外，中亚地区水果产量也有明显增长，2018 年较 1995 年增长了 281.52%。

表 4-7　丝路各共建地区水果产量及其占比

| 区域 | 1995 年 | | 2018 年 | |
|---|---|---|---|---|
| | 产量/万 t | 占比/% | 产量/万 t | 占比/% |
| 中亚地区 | 290.97 | 1.33 | 1110.11 | 2.09 |
| 中东欧地区 | 1610.32 | 7.35 | 2075.38 | 3.91 |
| 中蒙俄地区 | 6948.49 | 31.73 | 24504.48 | 46.14 |
| 南亚地区 | 4749.71 | 21.69 | 12164.28 | 22.90 |
| 东南亚地区 | 3585.44 | 16.37 | 6278.73 | 11.82 |
| 西亚及中东地区 | 4715.57 | 21.53 | 6976.76 | 13.14 |
| 丝路共建地区 | 21900.49 | 100.00 | 53109.75 | 100.00 |

（8）坚果主要集中于中蒙俄地区、西亚地区及中东地区。2018 年，中国坚果产量达到了 457.07 万 t，约占丝路共建地区的 51.20%。西亚及中东地区次之，产量达到了 217.52 万 t，占丝路共建地区的 24.37%。南亚地区、东南亚地区产量位居第三、四位，达到了 97.41 万 t 和 81.71 万 t，分别占丝路共建地区比重为 10.91% 和 9.15%。其余地区产量均较低，占比也较低（表 4-8）。

表 4-8　丝路各共建地区坚果产量及其占比

| 区域 | 1995 年 | | 2018 年 | |
|---|---|---|---|---|
| | 产量/万 t | 占比/% | 产量/万 t | 占比/% |
| 中亚地区 | 3.13 | 1.03 | 10.41 | 1.17 |
| 中东欧地区 | 18.88 | 6.24 | 28.59 | 3.20 |
| 中蒙俄地区 | 62.28 | 20.58 | 457.07 | 51.20 |
| 南亚地区 | 45.06 | 14.89 | 97.41 | 10.91 |
| 东南亚地区 | 40.84 | 13.50 | 81.71 | 9.15 |
| 西亚及中东地区 | 132.40 | 43.76 | 217.52 | 24.37 |
| 丝路共建地区 | 302.59 | 100.00 | 892.71 | 100.00 |

变化情况来看，各地区坚果产量均有所增长。其中，1995～2018 年，中蒙俄地区坚果产量增加了 394.79 万 t，2018 较 1995 年增长了 633.85%，占丝路共建地区比重增加了 30.62%。同期，西亚及中东坚果产量增加了 85.12 万 t，2018 年较 1995 年分别增长了 64.28%。此外，中亚地区坚果产量也有明显增长，2018 年较 1995 年增长了 262.65%。南亚和东南亚地区产量增幅也在 100% 之上。

## 4.2.3　国别格局

从国别格局来看，丝路共建国家和地区植物性食物产量差异大，部分国家多种食物产量具有明显规模优势。

（1）谷物产量较高国家主要分布于南亚地区、东南亚地区，4/5 国家谷物产量有所增加。2018 年，中国、印度、俄罗斯谷物产量位居前三，分别达到了 6.09 亿 t、3.22 亿 t 和 1.09 亿 t。就变化而言，1995～2018 年，丝路 51 个共建国家谷物产量有所增长，高谷物产量国家空间格局基本稳定。其中，中国、印度增量位居前两位，分别增加了 1.93 亿 t 和 1.12 亿 t。俄罗斯、印度尼西亚、乌克兰、孟加拉国、越南增量也较大，增量均在 1000 万 t 水平以上（表 4-9）。

（2）薯类产量较高国家主要分布于南亚地区、东南亚地区，3/5 国家产量有所增加。2018 年，中国、印度、泰国、乌克兰、俄罗斯薯类产量居前列，均超过 2000 万 t。就变化而言，1995～2018 年，丝路 39 个共建国家薯类产量有所增长，其中印度、泰国、柬埔寨增量位居前列，分别增加了 3333.58 万 t、1345.39 万 t 和 1274.95 万 t。孟加拉国、乌克兰、越南、老挝等 4 国增加量也较大，均在 500 万 t 水平以上（表 4-10）。

表 4-9　丝路共建地区谷物产量位居前十位共建国家

| 区域 | 国家 | 产量/万 t | | 增加量/万 t | 增长率/% |
| --- | --- | --- | --- | --- | --- |
| | | 1995 年 | 2018 年 | | |
| 中蒙俄地区 | 中国 | 41611.37 | 60889.38 | 19278.01 | 46.33 |
| 南亚地区 | 印度 | 21001.25 | 32155.64 | 11154.39 | 53.11 |
| 中蒙俄地区 | 俄罗斯 | 6190.18 | 10983.22 | 4793.03 | 77.43 |
| 东南亚地区 | 印度尼西亚 | 5799.00 | 8945.45 | 3146.44 | 54.26 |
| 中东欧地区 | 乌克兰 | 3236.00 | 6911.05 | 3675.05 | 113.57 |
| 南亚地区 | 孟加拉国 | 2770.41 | 5881.16 | 3110.75 | 112.28 |
| 东南亚地区 | 越南 | 2614.09 | 4892.37 | 2278.28 | 87.15 |
| 南亚地区 | 巴基斯坦 | 2503.65 | 4325.93 | 1822.29 | 72.79 |
| 东南亚地区 | 泰国 | 2641.30 | 3789.25 | 1147.95 | 43.46 |
| 西亚及中东地区 | 土耳其 | 2816.86 | 3439.56 | 622.71 | 22.11 |

表 4-10　丝路共建地区薯类产量位居前十位共建国家

| 区域 | 国家 | 产量/万 t | | 增加量/万 t | 增长率/% |
| --- | --- | --- | --- | --- | --- |
| | | 1995 年 | 2018 年 | | |
| 中蒙俄地区 | 中国 | 16798.57 | 15012.69 | −1785.88 | −10.63 |
| 南亚地区 | 印度 | 2442.42 | 5776.00 | 3333.58 | 136.49 |
| 东南亚地区 | 泰国 | 1643.14 | 2988.53 | 1345.39 | 81.88 |
| 中东欧地区 | 乌克兰 | 1472.94 | 2250.40 | 777.46 | 52.78 |
| 中蒙俄地区 | 俄罗斯 | 3990.91 | 2239.50 | −1751.42 | −43.89 |
| 东南亚地区 | 印度尼西亚 | 1897.78 | 1968.11 | 70.33 | 3.71 |
| 东南亚地区 | 柬埔寨 | 14.02 | 1288.97 | 1274.95 | 9095.58 |
| 东南亚地区 | 越南 | 417.58 | 1159.81 | 742.23 | 177.75 |
| 南亚地区 | 孟加拉国 | 190.34 | 999.12 | 808.78 | 424.91 |
| 西亚及中东地区 | 土耳其 | 28.17 | 34.40 | 6.23 | 22.11 |

（3）豆类产量较高国家主要分布于南亚地区、东南亚地区，1/2 国家豆类产量有所增加。2018 年，印度、黑山、中国、俄罗斯、土耳其豆类产量居前列，均超过 100 万 t。就变化而言，1995～2018 年，丝路 31 个共建国家豆类产量有所增长，其中印度、黑山、俄罗斯增量位居前列，分别增加了 1060.13 万 t、560.63 万 t 和 189.02 万 t。哈萨克斯坦、中国、立陶宛、吉尔吉斯斯坦等 4 国增加也较大，均在 20 万 t 水平以上（表 4-11）。

（4）油料产量较高国家主要分布于东南亚地区、南亚地区和中东欧地区，4/5 国家油料产量有所增加。2018 年，印度尼西亚、北马其顿、中国、印度、乌克兰油料产量居前列，均超过 2000 万 t。就变化而言，1995～2018 年，丝路 49 个共建国家油料产量有所增长，其中印度尼西亚、北马其顿、印度、乌克兰、中国、俄罗斯、泰国增量位居前列，增量均超过 1000 万 t（表 4-12）。

表 4-11　丝路共建地区豆类产量位居前十位共建国家

| 区域 | 国家 | 产量/万 t | | 增加量 /万 t | 增长率 /% |
|---|---|---|---|---|---|
| | | 1995 年 | 2018 年 | | |
| 南亚地区 | 印度 | 1490.28 | 2550.41 | 1060.13 | 71.14 |
| 中东欧地区 | 黑山 | 107.50 | 668.13 | 560.63 | 521.51 |
| 中蒙俄地区 | 中国 | 446.80 | 501.35 | 54.55 | 12.21 |
| 中蒙俄地区 | 俄罗斯 | 154.55 | 343.56 | 189.02 | 122.30 |
| 西亚及中东地区 | 土耳其 | 184.94 | 126.80 | −58.14 | −31.44 |
| 中东欧地区 | 乌克兰 | 156.98 | 95.46 | −61.52 | −39.19 |
| 中亚地区 | 哈萨克斯坦 | 5.46 | 81.58 | 76.12 | 1395.47 |
| 南亚地区 | 巴基斯坦 | 99.43 | 59.23 | −40.21 | −40.44 |
| 中东欧地区 | 波兰 | 25.91 | 45.74 | 19.83 | 76.52 |
| 西亚及中东地区 | 伊朗 | 67.62 | 40.55 | −27.07 | −40.03 |

表 4-12　丝路共建地区油料产量位居前十位共建国家

| 区域 | 国家 | 产量/万 t | | 增加量 /万 t | 增长率 /% |
|---|---|---|---|---|---|
| | | 1995 年 | 2018 年 | | |
| 东南亚地区 | 印度尼西亚 | 3971.49 | 25949.22 | 21977.73 | 553.39 |
| 中东欧地区 | 北马其顿 | 4333.73 | 9911.69 | 5577.97 | 128.71 |
| 中蒙俄地区 | 中国 | 5207.83 | 7023.11 | 1815.28 | 34.86 |
| 南亚地区 | 印度 | 3839.43 | 6252.21 | 2412.78 | 62.84 |
| 中东欧地区 | 乌克兰 | 295.55 | 2144.96 | 1849.41 | 625.75 |
| 中蒙俄地区 | 俄罗斯 | 469.87 | 1951.92 | 1482.05 | 315.42 |
| 东南亚地区 | 泰国 | 444.93 | 1660.36 | 1215.43 | 273.18 |
| 东南亚地区 | 菲律宾 | 1303.96 | 1526.90 | 222.94 | 17.10 |
| 西亚及中东地区 | 土耳其 | 384.26 | 653.80 | 269.53 | 70.14 |
| 南亚地区 | 巴基斯坦 | 590.66 | 595.70 | 5.04 | 0.85 |

（5）糖料产量较高国家主要分布于东南亚地区、南亚地区，约 2/5 国家糖料产量有所增加。2018 年，印度、泰国、中国糖料产量居前列，均超过 1 亿 t。就变化而言，1995～2018 年，丝路 28 个共建国家糖料产量有所增长，其中印度、泰国、中国、俄罗斯、巴基斯坦、埃及增量位居前列，增量均超过 1000 万 t（表 4-13）。

（6）蔬菜产量较高国家分布相对分散，约 4/5 国家蔬菜产量有所增加。2018 年，中国、印度、土耳其、越南、埃及、俄罗斯、印度尼西亚、伊朗蔬菜产量居前列，均超过 1000 万 t。就变化而言，1995～2018 年，丝路 40 个共建国家蔬菜产量有所增长，其中，中国、印度、越南、土耳其、埃及、乌兹别克斯坦增量位居前列，增量均超过 500 万 t（表 4-14）。

表 4-13　丝路共建地区糖料产量位居前十位共建国家

| 区域 | 国家 | 产量/万 t | | 增加量 /万 t | 增长率 /% |
| --- | --- | --- | --- | --- | --- |
| | | 1995 年 | 2018 年 | | |
| 南亚地区 | 印度 | 27554.00 | 37990.49 | 10436.49 | 37.88 |
| 东南亚地区 | 泰国 | 5059.73 | 13507.38 | 8447.65 | 166.96 |
| 中蒙俄地区 | 中国 | 7940.14 | 11937.37 | 3997.23 | 50.34 |
| 南亚地区 | 巴基斯坦 | 4736.29 | 6720.34 | 1984.05 | 41.89 |
| 中蒙俄地区 | 俄罗斯 | 1907.16 | 4206.60 | 2299.44 | 120.57 |
| 东南亚地区 | 印度尼西亚 | 2922.88 | 2969.49 | 46.61 | 1.59 |
| 西亚及中东地区 | 埃及 | 1502.47 | 2620.05 | 1117.58 | 74.38 |
| 东南亚地区 | 菲律宾 | 1777.44 | 2473.08 | 695.64 | 39.14 |
| 东南亚地区 | 越南 | 1071.11 | 1794.52 | 723.41 | 67.54 |
| 西亚及中东地区 | 土耳其 | 1117.06 | 1743.61 | 626.55 | 56.09 |

表 4-14　丝路共建地区蔬菜位居前十位共建国家

| 区域 | 国家 | 产量/万 t | | 增加量 /万 t | 增长率 /% |
| --- | --- | --- | --- | --- | --- |
| | | 1995 年 | 2018 年 | | |
| 中蒙俄地区 | 中国 | 18279.18 | 57375.33 | 39096.15 | 213.88 |
| 南亚地区 | 印度 | 5567.53 | 13011.05 | 7443.52 | 133.70 |
| 西亚及中东地区 | 土耳其 | 1647.20 | 2413.00 | 765.81 | 46.49 |
| 东南亚地区 | 越南 | 463.81 | 1631.01 | 1167.20 | 251.65 |
| 西亚及中东地区 | 埃及 | 879.76 | 1538.74 | 658.98 | 74.90 |
| 中蒙俄地区 | 俄罗斯 | 1126.02 | 1371.63 | 245.61 | 21.81 |
| 东南亚地区 | 印度尼西亚 | 656.26 | 1149.93 | 493.68 | 75.23 |
| 西亚及中东地区 | 伊朗 | 586.89 | 1076.95 | 490.06 | 83.50 |
| 中东欧地区 | 乌克兰 | 543.68 | 945.86 | 402.18 | 73.97 |
| 中亚地区 | 乌兹别克斯坦 | 272.50 | 913.17 | 640.67 | 235.11 |

（7）水果产量较高国家分布相对分散，约 4/5 国家水果产量有所增加。2018 年，中国、印度、土耳其、印度尼西亚、菲律宾、伊朗、埃及、泰国水果产量居前列，均超过 1000 万 t。就变化而言，1995～2018 年，丝路 48 个共建国家水果产量有所增长，其中，中国、印度、印度尼西亚、土耳其、埃及、菲律宾、越南增量位居前列，增量均超过 500 万 t（表 4-15）。

（8）坚果产量较高国家分布相对分散，约 3/5 国家坚果产量有所增加。2018 年，中国、土耳其、印度、伊朗坚果产量居前列，均超过 50 万 t。就变化而言，1995～2018 年，丝路 38 个共建国家坚果产量有所增长，其中，中国、印度、土耳其、越南、伊朗增量位居前列，增量均超过 20 万 t（表 4-16）。

表 4-15　丝路共建地区水果产量位居前十位共建国家

| 区域 | 国家 | 产量/万 t | | 增加量/万 t | 增长率/% |
| --- | --- | --- | --- | --- | --- |
| | | 1995 年 | 2018 年 | | |
| 中蒙俄地区 | 中国 | 6643.41 | 23912.85 | 17269.44 | 259.95 |
| 南亚地区 | 印度 | 3701.73 | 10189.73 | 6488.00 | 175.27 |
| 西亚及中东地区 | 土耳其 | 1497.55 | 2360.18 | 862.63 | 57.60 |
| 东南亚地区 | 印度尼西亚 | 1086.65 | 2055.29 | 968.64 | 89.14 |
| 东南亚地区 | 菲律宾 | 1026.62 | 1680.99 | 654.38 | 63.74 |
| 西亚及中东地区 | 伊朗 | 1170.17 | 1632.01 | 461.84 | 39.47 |
| 西亚及中东地区 | 埃及 | 745.44 | 1503.43 | 757.98 | 101.68 |
| 东南亚地区 | 泰国 | 771.54 | 1017.95 | 246.40 | 31.94 |
| 南亚地区 | 巴基斯坦 | 595.80 | 946.85 | 351.06 | 58.92 |
| 东南亚地区 | 越南 | 415.89 | 941.04 | 525.14 | 126.27 |

表 4-16　丝路共建地区坚果产量位居前十位共建国家

| 区域 | 国家 | 产量/万 t | | 增加量/万 t | 增长率/% |
| --- | --- | --- | --- | --- | --- |
| | | 1995 年 | 2018 年 | | |
| 中蒙俄地区 | 中国 | 61.43 | 454.53 | 393.10 | 639.88 |
| 西亚及中东地区 | 土耳其 | 71.54 | 113.64 | 42.10 | 58.85 |
| 南亚地区 | 印度 | 34.66 | 81.70 | 47.04 | 135.69 |
| 西亚及中东地区 | 伊朗 | 45.49 | 66.89 | 21.41 | 47.06 |
| 东南亚地区 | 越南 | 5.42 | 27.20 | 21.78 | 401.69 |
| 东南亚地区 | 印度尼西亚 | 14.62 | 25.57 | 10.95 | 74.86 |
| 东南亚地区 | 菲律宾 | 15.58 | 23.74 | 8.16 | 52.37 |
| 西亚及中东地区 | 叙利亚 | 5.44 | 17.22 | 11.78 | 216.56 |
| 中东欧地区 | 乌克兰 | 7.72 | 12.75 | 5.03 | 65.08 |
| 中亚地区 | 乌兹别克斯坦 | 1.38 | 7.61 | 6.24 | 453.53 |

## 4.3　动物性食物供给

### 4.3.1　全域水平

从动物性食物看，丝路共建地区 1995～2018 年肉类产量基本保持持续增长态势，从 9048.41 万 t 增长至 1.64 亿 t，2018 年较 1995 年增长 80.55%（图 4-2）。蛋类产量基本保持持续增长态势，从 2724.12 万 t 增长至 5660.41 万 t，2018 年较 1995 年增长了 1.08 倍。奶类产量基本保持持续增长态势，从 2.30 亿 t 增长至 4.43 亿 t，2018 年较 1995 年增长了 92.06%。蜂蜜产量基本保持持续增长态势，从 56.11 万 t 增长至 107.46 万 t，2018 年较 1995 年增长了 91.52%。

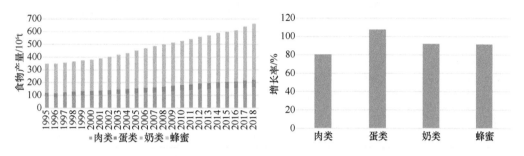

图 4-2　丝路共建地区主要动物性食物生产规模与增长率

## 4.3.2　分区尺度

（1）肉类主要集中于中蒙俄地区和东南亚地区。2018 年，中蒙俄地区肉类产量达到了 9764.22 万 t，占丝路共建地区 59.77%。东南亚地区肉类产量次之，为 2205.80 万 t，占丝路共建地区 13.50%。南亚地区、西亚及中东地区、中东欧地区产量基本相当，均在 1350 万 t 水平。中亚地区产量均较低，约为 324.67 万 t（表 4-17）。

表 4-17　丝路各共建地区肉类产量及其占比

| 区域 | 1995 年 | | 2018 年 | |
| --- | --- | --- | --- | --- |
| | 产量/万 t | 占比/% | 产量/万 t | 占比/% |
| 中亚地区 | 183.57 | 2.03 | 324.67 | 1.99 |
| 中东欧地区 | 1167.25 | 12.90 | 1317.61 | 8.07 |
| 中蒙俄地区 | 5591.48 | 61.80 | 9764.22 | 59.77 |
| 南亚地区 | 700.45 | 7.74 | 1402.78 | 8.59 |
| 东南亚地区 | 859.17 | 9.50 | 2205.80 | 13.50 |
| 西亚及中东地区 | 546.49 | 6.04 | 1321.96 | 8.09 |
| 丝路共建地区 | 9048.41 | 100.00 | 16337.03 | 100.00 |

变化情况来看，各地区肉类产量均有所增长。其中，1995～2018 年，中蒙俄地区肉类产量增加了 4172.74 万 t，2018 较 1995 年增长了 74.63%，占丝路共建地区比重下降了 2.03%。同期，东南亚地区肉类产量增加了 1346.63 万 t，2018 年较 1995 年分别增长了 156.74%，增幅居首。此外，西亚及中东地区肉类产量也有明显增长，2018 年较 1995 年增长了 141.90%。

（2）蛋类主要集中于中蒙俄地区和东南亚地区、南亚地区。2018 年，中蒙俄地区蛋类产量达到了 3380.94 万 t，约占丝路共建地区的 59.73%。东南亚和南亚地区次之，产量分别达到了 862.63 万 t 和 707.10 万 t，各自占丝路共建地区的 15.24% 和 12.49%。西亚及中东地区、中东欧地区产量基本相当，占丝路共建地区比重在 5% 左右（表 4-18）。

表 4-18　丝路各共建地区蛋类产量及其占比

| 区域 | 1995 年 | | 2018 年 | |
|---|---|---|---|---|
| | 产量/万 t | 占比/% | 产量/万 t | 占比/% |
| 中亚地区 | 19.75 | 0.72 | 79.86 | 1.41 |
| 中东欧地区 | 221.31 | 8.12 | 268.37 | 4.74 |
| 中蒙俄地区 | 1866.47 | 68.52 | 3380.94 | 59.73 |
| 南亚地区 | 200.29 | 7.35 | 707.10 | 12.49 |
| 东南亚地区 | 234.53 | 8.61 | 862.63 | 15.24 |
| 西亚及中东地区 | 181.78 | 6.67 | 361.51 | 6.39 |
| 丝路共建地区 | 2724.12 | 100.00 | 5660.41 | 100.00 |

从变化情况来看，各地区蛋类产量均有所增长。其中，1995~2018 年，中蒙俄地区蛋类产量增加了 1514.47 万 t，2018 较 1995 年增长了 81.14%，占丝路共建地区比重下降了 8.79%。同期，东南亚地区蛋类产量增加了 628.10 万 t，2018 年较 1995 年增长了 267.81%。此外，南亚地区蛋类产量也有明显增长，2018 年较 1995 年增加了 506.81 万 t，增长了 253.04%。

（3）奶类产量主要集中在南亚地区、中东欧地区和西亚及中东地区。2018 年，南亚地区奶类产量达到了 2.52 亿 t，约占丝路共建地区的 56.93%。中蒙俄地区和中东欧地区次之，产量分别达到了 6647.01 万 t 和 5128.07 万 t，分别占丝路共建地区的 15.02% 和 11.59%。西亚及中东地区奶类产量也较高，到达了 4615.83 万 t，占丝路共建地区的 10.43%，其余地区产量均不高，占比也较低（表 4-19）。

表 4-19　丝路各共建地区奶类产量及其占比

| 区域 | 1995 年 | | 2018 年 | |
|---|---|---|---|---|
| | 产量/万 t | 占比/% | 产量/万 t | 占比/% |
| 中亚地区 | 1016.82 | 4.41 | 2048.43 | 4.63 |
| 中东欧地区 | 5487.64 | 23.81 | 5128.07 | 11.59 |
| 中蒙俄地区 | 4879.19 | 21.17 | 6647.01 | 15.02 |
| 南亚地区 | 9046.14 | 39.25 | 25197.74 | 56.93 |
| 东南亚地区 | 205.11 | 0.89 | 622.96 | 1.41 |
| 西亚及中东地区 | 2410.03 | 10.46 | 4615.83 | 10.43 |
| 丝路共建地区 | 23044.92 | 100.00 | 44260.04 | 100.00 |

从变化情况来看，各地区奶类产量增减趋势不同。其中，1995~2018 年，中东欧地区奶类产量下降了 359.57 万 t，占丝路共建地区比重减少了 12.22%。同期，南亚地区奶类产量增加了 16151.60 万 t，2018 年较 1995 年增长了 178.55%。中蒙俄地区奶类产量增加了 1767.82 万 t，2018 年较 1995 年分别增长 36.23%。此外，东南亚地区和中亚地区奶类产量也有明显增长，2018 年较 1995 年分别增长了 203.72% 和 101.46%。

（4）蜂蜜主要集中于中蒙俄地区、中东欧地区和西亚及中东地区。2018 年，中蒙俄地区蜂蜜产量达到了 51.21 万 t，约占丝路共建地区的 47.66%。中东欧地区和西亚及中东地区次之，产量分别达到了 21.08 万 t 和 21.05 万 t，各自占丝路共建地区的 19.62% 和 19.59%。其余地区产量有限，占比也较低。从变化情况来看，各地区蜂蜜产量增减趋势不同。其中，1995~2018 年，中亚地区蜂蜜产量下降了 0.20 万 t，占丝路共建地区比重减少了 2.25%。同期，中蒙俄地区蜂蜜产量增加了 27.67 万 t，2018 年较 1995 年增长了 117.51%。此外，东南亚地区蜂蜜产量也有明显增长，2018 年较 1995 年增长了 498.95%（表 4-20）。

表 4-20　丝路各共建地区蜂蜜产量及其占比

| 区域 | 1995 年 | | 2018 年 | |
| --- | --- | --- | --- | --- |
| | 产量/万 t | 占比/% | 产量/万 t | 占比/% |
| 中亚地区 | 2.43 | 4.33 | 2.23 | 2.07 |
| 中东欧地区 | 12.97 | 23.12 | 21.08 | 19.62 |
| 中蒙俄地区 | 23.54 | 41.96 | 51.21 | 47.66 |
| 南亚地区 | 5.68 | 10.13 | 8.13 | 7.56 |
| 东南亚地区 | 0.63 | 1.12 | 3.76 | 3.50 |
| 西亚及中东地区 | 10.85 | 19.34 | 21.05 | 19.59 |
| 丝路共建地区 | 56.11 | 100.00 | 107.46 | 100.00 |

## 4.3.3　国别格局

（1）肉类产量较高国家分布相对分散，约 4/5 国家肉类产量有所增加。2018 年，中国、俄罗斯、印度、越南、波兰肉类产量居前列，均超过 500 万 t。就变化而言，1995~2018 年，丝路 50 个共建国家肉类产量有所增长，其中，中国、俄罗斯、印度、越南、黑山增量位居前列，增量均超过 300 万 t（表 4-21）。

表 4-21　丝路共建地区肉类产量位居前十位共建国家

| 区域 | 国家 | 产量/万 t | | 增加量/万 t | 增长率/% |
| --- | --- | --- | --- | --- | --- |
| | | 1995 年 | 2018 年 | | |
| 中蒙俄地区 | 中国 | 4991.87 | 8658.24 | 3666.37 | 73.45 |
| 中蒙俄地区 | 俄罗斯 | 578.45 | 1062.94 | 484.49 | 83.76 |
| 南亚地区 | 印度 | 409.83 | 802.86 | 393.03 | 95.90 |
| 东南亚地区 | 越南 | 136.52 | 522.03 | 385.51 | 282.38 |
| 中东欧地区 | 波兰 | 280.22 | 518.80 | 238.58 | 85.14 |
| 东南亚地区 | 印度尼西亚 | 190.27 | 434.82 | 244.55 | 128.53 |
| 南亚地区 | 巴基斯坦 | 185.71 | 428.59 | 242.88 | 130.79 |
| 西亚及中东地区 | 土耳其 | 97.28 | 367.22 | 269.94 | 277.48 |
| 东南亚地区 | 菲律宾 | 158.20 | 365.71 | 207.51 | 131.17 |
| 中东欧地区 | 黑山 | 25.77 | 349.62 | 323.85 | 1256.58 |

（2）蛋类产量较高国家分布相对分散，超 4/5 国家蛋类产量有所增加。2018 年，中国、印度、印度尼西亚、俄罗斯、土耳其、泰国蛋类产量居前列，均超过 100 万 t。就变化而言，1995~2018 年，丝路 54 个共建国家坚果产量有所增长，其中，中国、印度

尼西亚、印度增量位居前列，增量均超过 350 万 t（表 4-22）。

（3）奶类产量较高国家分布相对分散，约 4/5 国家奶类产量有所增加。2018 年，印度、巴基斯坦、中国、俄罗斯、土耳其奶类产量居前列，均超过 2000 万 t。就变化而言，1995～2018 年，丝路 49 个共建国家奶类产量有所增长，其中，印度、巴基斯坦、中国、土耳其增量位居前列，增量均超过 1000 万 t（表 4-23）。

表 4-22　丝路共建地区蛋类产量位居前十位共建国家

| 区域 | 国家 | 产量/万 t | | 增加量/万 t | 增长率/% |
| --- | --- | --- | --- | --- | --- |
| | | 1995 年 | 2018 年 | | |
| 中蒙俄地区 | 中国 | 1676.70 | 3128.28 | 1451.58 | 86.57 |
| 南亚地区 | 印度 | 149.60 | 523.69 | 374.09 | 250.06 |
| 东南亚地区 | 印度尼西亚 | 73.61 | 505.56 | 431.95 | 586.81 |
| 中蒙俄地区 | 俄罗斯 | 189.75 | 251.90 | 62.15 | 32.75 |
| 西亚及中东地区 | 土耳其 | 64.18 | 122.77 | 58.59 | 91.30 |
| 东南亚地区 | 泰国 | 75.90 | 111.00 | 35.10 | 46.25 |
| 中东欧地区 | 乌克兰 | 54.69 | 93.73 | 39.04 | 71.38 |
| 南亚地区 | 巴基斯坦 | 28.50 | 85.97 | 57.48 | 201.72 |
| 中东欧地区 | 北马其顿 | 36.48 | 82.04 | 45.56 | 124.87 |
| 西亚及中东地区 | 伊朗 | 46.70 | 72.36 | 25.66 | 54.95 |

表 4-23　丝路共建地区奶类产量位居前十位共建国家

| 区域 | 国家 | 产量/万 t | | 增加量/万 t | 增长率/% |
| --- | --- | --- | --- | --- | --- |
| | | 1995 年 | 2018 年 | | |
| 南亚地区 | 印度 | 6556.94 | 18797.76 | 12240.82 | 186.68 |
| 南亚地区 | 巴基斯坦 | 1900.60 | 5419.20 | 3518.60 | 185.13 |
| 中蒙俄地区 | 中国 | 914.97 | 3504.56 | 2589.59 | 283.02 |
| 中蒙俄地区 | 俄罗斯 | 3930.50 | 3060.60 | −869.90 | −22.13 |
| 西亚及中东地区 | 土耳其 | 1060.16 | 2212.07 | 1151.92 | 108.66 |
| 中东欧地区 | 波兰 | 1164.41 | 1417.92 | 253.51 | 21.77 |
| 中亚地区 | 乌兹别克斯坦 | 357.55 | 1041.57 | 684.02 | 191.31 |
| 中东欧地区 | 乌克兰 | 1727.43 | 1030.27 | −697.16 | −40.36 |
| 西亚及中东地区 | 伊朗 | 454.00 | 752.32 | 298.32 | 65.71 |
| 中东欧地区 | 白俄罗斯 | 507.01 | 734.45 | 227.44 | 44.86 |

（4）蜂蜜产量较高国家分布相对分散，约 3/5 国家蜂蜜产量有所增加。2018 年，中

国、土耳其、伊朗、乌克兰、印度、俄罗斯蜂蜜产量位居前列，均超过 5 万 t。就变化而言，1995～2018 年，丝路 40 个共建国家蜂蜜产量有所增长，其中，中国、伊朗、土耳其增量位居前列，增量均超过 3 万 t（表 4-24）。

表 4-24　丝路共建地区蜂蜜产量位居前十位共建国家

| 区域 | 国家 | 产量/万 t | | 增加量/万 t | 增长率/% |
| --- | --- | --- | --- | --- | --- |
| | | 1995 年 | 2018 年 | | |
| 中蒙俄地区 | 中国 | 17.77 | 44.69 | 26.92 | 151.51 |
| 西亚及中东地区 | 土耳其 | 6.86 | 10.79 | 3.93 | 57.27 |
| 西亚及中东地区 | 伊朗 | 2.26 | 7.58 | 5.32 | 235.55 |
| 中东欧地区 | 乌克兰 | 6.27 | 7.13 | 0.86 | 13.63 |
| 南亚地区 | 印度 | 5.13 | 6.76 | 1.64 | 31.92 |
| 蒙俄地区 | 俄罗斯 | 5.77 | 6.50 | 0.73 | 12.57 |
| 中东欧地区 | 罗马尼亚 | 1.04 | 2.92 | 1.87 | 179.46 |
| 中东欧地区 | 匈牙利 | 1.61 | 2.90 | 1.30 | 80.69 |
| 中东欧地区 | 波兰 | 1.05 | 2.35 | 1.30 | 124.42 |
| 东南亚地区 | 越南 | 0.30 | 2.04 | 1.74 | 580.50 |

## 4.4　本章小结

本章基于 FAO 数据库食物供给数据，从植物性食物生产到动物性食物生产，系统分析了丝路共建地区、不同地区以及不同国别尺度共建国家的食物供给时空格局，揭示了丝路共建地区食物供给能力与变化特征，为进一步开展丝路共建国家土地资源承载力评价提供科学依据与量化支持，具体结论如下：

（1）丝路共建国家和地区食物供给能力分析表明，1995～2018 年，丝路共建国家和地区食物生产整体向好发展，生产规模逐渐扩大。以坚果、油料、蔬菜、水果和蛋类最为突出，增幅介于 1～2 倍。肉类和奶类增幅一般，分别增长了 0.81 倍和 0.92 倍。薯类（0.12 倍）、糖料（0.47 倍）、谷物（0.53 倍）增幅则较小，居后三位。

（2）分区来看，丝路各共建地区食物生产优势不同。南亚在豆类、奶类和糖料方面具有明显产量优势，均位居各地区第一位。东南亚地区在蛋类、豆类、肉类、薯类以及糖料方面具有一定的产量优势，居各地区第二位。中东欧地区在蜂蜜和奶类方面具有一定产量优势，居各地区第二位。西亚及中东地区坚果方面具有一定优势，产量居各地区第二位。

（3）国别而言，受资源禀赋影响，丝路共建国家各类食物总产量空间差异显著，但比较优势地位变化明显。现阶段，中国多种食物产量比较优势明显，蛋类、蜂蜜、谷物、坚果、肉类、蔬菜、薯类、水果等方面具有明显的产量优势，均位居第一位。印度的豆类、糖料和奶类上产量位居第一，马来西亚在油料上具有比较优势。1995～2018 年，中国的蔬菜、水果、坚果、奶类和蜂蜜的比较优势均有所上升，但薯类、肉类、蛋类产量占全域比重有所下降。同期，缅甸、印度、俄罗斯豆类产量占比增加明显。印度尼西亚的油料，俄罗斯的糖料、肉类，印度的水果、肉类、奶类占比均有所增加。波兰、越南肉类，以及巴基斯坦的奶类占比也有所增加。

# 第5章　丝路共建国家和地区食物消费与膳食热量水平

食物消费水平与膳食热量水平是从实物数量和营养当量两个指标反映出不同国家食物消费需求水平状况；热量来源结构则从综合视角反映食物消费模式，是土地资源承载力评价的重要方面。丝路共建国家和地区食物消费受到食物生产、饮食文化、社会经济发展水平等多种因素影响，本章基于 FAO 食物平衡表数据，从动植物消费水平到膳食热量水平，系统分析了丝路全域、各共建地区以及国别等不同尺度食物产量变化特征与地域格局，为进一步开展丝路共建国家土地资源承载力评价提供科学依据与量化支持。

## 5.1　数据来源与处理

基于数据的可得性，共建国家食物消费数据主要包括 20 大类食物消费量（谷物、豆类、薯类、糖料、蔬菜、水果、坚果、油料、香料、植物油脂、肉类、蛋类、奶类、内脏、动物脂肪、海洋产品、液体饮料、固体饮料、淡水产品、其他），共计 180 种。营养水平方面，主要是热量、蛋白质和脂肪消费数据。数据主要来源于联合国粮食与农业组织食物平衡表。人口和国土面积、耕地面积主要来源于联合国粮食农业组织食物平衡表和土地数据库。

此外，食物分配系数、可食系数、分配和消费环节的损耗系数主要来自《全球食物损失和浪费报告》。鉴于不同地区和处于不同经济发展水平国家的食物加工水平、食物消费结构以及食物浪费存在差异，参考世界银行划分国家收入分组，根据国家所处的经济发展水平分组和地理区域分别选用相应参数。

需要指出，在消费端，1995～2018 年期间，巴勒斯坦、巴林、不丹、卡塔尔、新加坡、匈牙利、叙利亚 7 国均无数据，塞尔维亚和黑山 1995～2005 年数据缺失，文莱 2013～2018 年数据缺失，相应分析不包括上述国家。在计算分区和全域食物消费水平时，直接使用塞尔维亚和黑山国家联盟数据对塞尔维亚和黑山两国的数据进行替代。

## 5.2　丝路共建国家食物消费水平

### 5.2.1　全域水平

从全域来看，丝路共建国家和地区食物消费以谷物、奶类和蔬菜为主，除薯类消费量有所下降外，其余各类食物消费均有不同程度增长。2018 年，丝路共建国家和地区谷物人均消费量为 193.38kg/a，居各类食物消费量之首。蔬菜消费量为 177.06kg/a，位居第二位，水果和奶类消费量也较高，分别以 75.73kg/a 和 67.56kg/a 位居第三、四位。坚果、香料、动物脂肪年人均消费量较低，不足 2kg/a（图 5-1）。

从变化来看，多数食物人均消费量均有所增加。1995～2018 年，蔬菜消费量增加81.78kg/a，增量居首位。水果消费量增加 35.40kg/a，增量居第二位，谷物和奶类消费量分别增加 28.40kg/a 和 20.07kg/a，增量也较大，分列第三、四位。同期，动物脂肪消费量先增后减，整体上消费量下降了 0.72kg/a。薯类消费量波动变化，整体上下降了 0.57kg/a。就增长幅度而言，淡水产品、坚果、香料增幅最大，介于 1.10～2.25 倍之间。

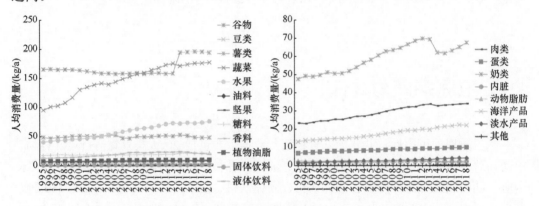

图 5-1　1995～2018 年丝路共建国家和地区主要食物消费量

与全球对比来看（图 5-2），2018 年，丝路共建国家和地区蔬菜、谷物年人均消费量分别高于全球水平 36.23kg/a 和 19.74kg/a，约为全球水平的 1.26 倍和 1.11 倍。海洋产品、淡水产品消费量分别高于全球水平 1.88kg/a 和 1.21kg/a，约为全球水平的 1.09 倍和1.43 倍。同期，薯类、液体饮料和奶类消费量分别低于全球水平 14.44kg/a、12.67kg/a 和 11.71kg/a，仅为全球水平的 76.84%、60.82%和 85.22%。肉类和糖料年人均消费量也分别高于全球水平 8.87kg/a 和 4.98kg/a，相当于全球水平的 79.32%和 81.11%。其余各类食物消费水平基本与全球消费水平相当。

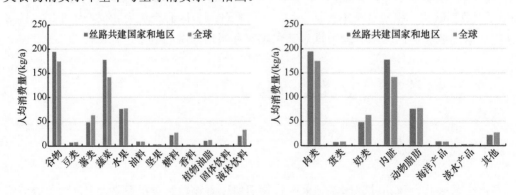

图 5-2　2018 年丝路共建国家和地区与全球主要食物消费量

## 5.2.2　分区尺度

（1）中亚地区蔬菜、奶类和蔬菜人均消费量居各类食物前列，奶类人均消费量居丝路各共建地区之首，达到了 184kg/a。

2018 年，中亚地区奶类和其他类型食物居主要食物消费量之首，分别达到了 184.07kg/a 和 2.07kg/a。蔬菜和水果消费量也较高，分别达到了 226.41kg/a 和 72.61kg/a。相反，淡水产品、香料和油料消费量较低，不足 1kg/a。从变化来看，1995～2018 年，中亚地区食物消费水平有明显改善，多种食物消费量呈现增长态势。其中，蔬菜消费量增量最大，达到了 136.29kg，2018 年较 1995 年增长了 1.51 倍。水果、奶类和薯类消费量也有明显增长，分别增加了 48.74kg、42.95kg 和 34.18kg，较 1995 年分别增长了 2.04 倍、0.30 倍和 0.84 倍。同期，谷物和动物脂肪人均消费量则有所下降，分别减少了 34.65kg 和 0.91kg，较 1995 年分别下降了 17.80% 和 34.48%。其他类型主要食物均有不同程度增长（表 5-1，表 5-2）。

表 5-1　1995 年丝路各共建地区居民食物消费量对比　　（单位：kg/a）

| 种类/地区 | 中亚地区 | 中东欧地区 | 中蒙俄地区 | 南亚地区 | 东南亚地区 | 西亚及中东地区 | 丝路共建地区 | 全球 |
|---|---|---|---|---|---|---|---|---|
| 淡水产品 | — | — | 3.17 | — | 0.27 | 0.01 | 0.62 | 0.49 |
| 蛋类 | 3.21 | 10.45 | 12.26 | 1.35 | 3.86 | 5.25 | 3.32 | 3.65 |
| 动物脂肪 | 2.63 | 9.86 | 2.44 | 1.63 | 0.85 | 2.10 | 1.16 | 1.60 |
| 豆类 | 0.21 | 2.62 | 1.52 | 11.56 | 2.93 | 8.16 | 2.86 | 3.04 |
| 谷物 | 194.66 | 152.16 | 166.52 | 159.31 | 157.60 | 206.35 | 82.73 | 75.47 |
| 固体饮料 | 1.00 | 2.59 | 0.62 | 0.63 | 1.28 | 2.01 | 0.46 | 1.00 |
| 海洋产品 | 1.22 | 6.88 | 20.00 | 4.53 | 22.08 | 7.46 | 6.52 | 7.53 |
| 坚果 | 0.62 | 1.04 | 0.41 | 0.63 | 1.10 | 2.91 | 0.40 | 0.58 |
| 奶类 | 141.12 | 181.38 | 19.72 | 60.49 | 13.95 | 76.03 | 23.75 | 38.27 |
| 内脏 | 2.26 | 3.93 | 2.20 | 0.72 | 1.39 | 1.93 | 0.83 | 1.03 |
| 其他 | 0.12 | 0.03 | 0.02 | 0.01 | 0.07 | 0.12 | 0.02 | 0.02 |
| 肉类 | 35.01 | 57.67 | 36.42 | 5.40 | 17.21 | 23.08 | 11.63 | 17.52 |
| 蔬菜 | 90.13 | 109.45 | 141.40 | 48.17 | 47.25 | 154.66 | 47.64 | 44.72 |
| 薯类 | 40.85 | 104.04 | 74.39 | 25.11 | 41.09 | 40.33 | 24.23 | 29.53 |
| 水果 | 23.87 | 47.08 | 30.14 | 31.72 | 56.45 | 102.41 | 20.17 | 27.58 |
| 糖料 | 14.92 | 35.30 | 9.78 | 26.63 | 22.21 | 30.36 | 8.58 | 11.87 |
| 香料 | 0.10 | 0.73 | 0.17 | 1.66 | 0.78 | 0.68 | 0.42 | 0.37 |
| 液体饮料 | 8.69 | 58.30 | 22.39 | 1.17 | 6.49 | 4.38 | 6.65 | 16.18 |
| 油料 | 0.19 | 0.78 | 5.89 | 6.54 | 15.65 | 3.28 | 3.46 | 3.08 |
| 植物油脂 | 9.91 | 9.54 | 6.11 | 7.11 | 5.72 | 12.57 | 3.56 | 4.79 |

表5-2　2018年丝路各共建地区居民食物消费量对比　　　　（单位：kg/a）

| 种类/地区 | 中亚地区 | 中东欧地区 | 中蒙俄地区 | 南亚地区 | 东南亚地区 | 西亚及中东地区 | 丝路共建地区 | 全球 |
|---|---|---|---|---|---|---|---|---|
| 淡水产品 | 0.01 | 0.01 | 12.03 | 0.40 | 0.07 | 0.01 | 2.02 | 2.82 |
| 蛋类 | 6.16 | 11.70 | 19.49 | 3.29 | 7.06 | 6.98 | 4.96 | 9.68 |
| 动物脂肪 | 1.72 | 7.18 | 2.35 | 0.29 | 1.52 | 2.15 | 0.80 | 2.14 |
| 豆类 | 0.81 | 1.85 | 1.52 | 13.22 | 2.69 | 7.17 | 3.35 | 7.27 |
| 谷物 | 160.01 | 139.08 | 136.19 | 134.47 | 142.00 | 185.61 | 96.94 | 174.14 |
| 固体饮料 | 1.39 | 2.78 | 1.38 | 0.80 | 1.56 | 2.35 | 0.66 | 2.04 |
| 海洋产品 | 2.34 | 11.01 | 36.23 | 8.02 | 38.93 | 12.02 | 11.05 | 20.21 |
| 坚果 | 1.60 | 1.63 | 2.30 | 1.48 | 4.14 | 4.41 | 1.20 | 2.25 |
| 奶类 | 184.07 | 162.34 | 34.41 | 104.16 | 6.92 | 67.91 | 33.78 | 79.27 |
| 内脏 | 3.69 | 2.40 | 3.98 | 0.54 | 3.13 | 2.54 | 1.17 | 2.34 |
| 其他 | 2.07 | 1.78 | 0.12 | 0.06 | 0.46 | 1.72 | 0.19 | 0.83 |
| 肉类 | 41.68 | 67.97 | 63.11 | 5.90 | 31.11 | 35.27 | 17.00 | 42.87 |
| 蔬菜 | 226.41 | 142.02 | 343.68 | 75.66 | 72.15 | 158.62 | 88.53 | 140.83 |
| 薯类 | 75.04 | 95.39 | 67.84 | 36.14 | 42.80 | 41.57 | 23.94 | 62.32 |
| 水果 | 72.61 | 71.52 | 96.45 | 53.57 | 72.35 | 101.08 | 37.87 | 76.79 |
| 糖料 | 19.89 | 50.94 | 13.89 | 27.25 | 28.07 | 35.85 | 10.69 | 26.35 |
| 香料 | 0.22 | 0.98 | 0.28 | 3.06 | 2.27 | 1.36 | 0.88 | 1.40 |
| 液体饮料 | 16.09 | 90.53 | 39.33 | 1.81 | 12.33 | 5.63 | 9.84 | 32.34 |
| 油料 | 0.58 | 1.51 | 6.72 | 5.82 | 13.74 | 4.56 | 4.09 | 7.56 |
| 植物油脂 | 12.51 | 11.86 | 8.87 | 8.81 | 10.01 | 12.53 | 4.75 | 11.21 |

（2）中东欧地区奶类、蔬菜和谷物人均消费量居各类食物前列，动物脂肪、固体饮料、肉类、薯类、糖料、液体饮料人均消费量居丝路各共建地区之首，分别达到了7kg/a、3kg/a、68kg/a、95kg/a、51kg/a和91kg/a。

2018年，中东欧地区奶类、蔬菜和谷物人均消费量居前三位，分别达到了162.34kg/a、142.02kg/a和139.07kg/a。薯类和液体饮料消费量也较高，分别达到了95.39kg/a和90.53kg/a。水果、肉类和糖料消费量则介于50～75kg/a。动物脂肪人均消费量达到了7.18kg/a，与液体饮料、肉类、薯类、糖料、液体饮料均居丝路各共建地区消费量之首。

从变化来看，1995～2018年，中东欧地区各主要食物增减变化差异较大。其中，蔬菜、液体饮料和水果增量居前三位，分别增加了32.57kg/a、32.23kg/a和24.44kg/a，较1995年分别增长了29.76%、55.30%和51.93%。同期，谷物、奶类和薯类消费量下降较多，分别减少了13.08kg、19.04kg和8.65kg，较1995年分别下降了8.60%、10.50%和8.31%，降幅不明显（表5-1，表5-2）。

（3）中蒙俄地区蔬菜、谷物和水果人均消费量居各类食物前三位，淡水产品、蛋类、内脏、蔬菜人均消费量居丝路各共建地区之首，分别到达了12kg/a、19kg/a、4kg/a、344kg/a。

2018年，中蒙俄地区蔬菜、谷物和奶类人均消费量居前三位，分别达到343.68kg/a、

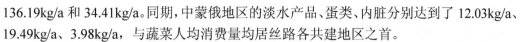

136.19kg/a 和 34.41kg/a。同期,中蒙俄地区的淡水产品、蛋类、内脏分别达到了 12.03kg/a、19.49kg/a、3.98kg/a,与蔬菜人均消费量均居丝路各共建地区之首。

从变化来看,1995～2018 年,中蒙俄地区多种食物消费量呈增长态势。其中,蔬菜、水果和肉类人均消费量增量居前三位,分别增加了 202.28kg/a、66.31kg/a 和 26.69kg/a,较 1995 年分别增长了 143.06%、219.08% 和 73.27%。同期,谷物、薯类、动物脂肪人均消费量均有所下降,分别减少了 30.33kg、6.55kg 和 0.09kg,较 1995 年分别下降了 18.21%、8.81% 和 3.69%(表 5-1,表 5-2)。

(4)南亚地区谷物、奶类和蔬菜人均消费量居各类食物前列,豆类和香料消费量居丝路各共建地区之首,人均消费量分别达到了 13kg/a 和 3kg/a。

2018 年,南亚地区谷物、奶类和蔬菜人均消费量居前三位,分别达到了 134.47kg/a、104.16kg/a、75.66kg/a。水果、薯类和糖料消费量也较高,分为 53.57kg/a、36.14kg/a 和 27.25kg/a。同期,南亚地区豆类和香料人均消费量分别达到 13.22kg/a 和 3.06kg/a,居丝路各共建地区之首。

从变化来看,1995～2018 年,南亚地区多种人均消费量有所增长。其中,奶类、蔬菜和水果人均消费量增量居前三位,分别增长了 43.67kg/a、27.49kg/a 和 21.85kg/a,较 1995 年分别增长了 72.19%、57.07% 和 68.88%。同期,谷物、动物性脂肪、油料和内脏人均消费量均有所下降,谷物人均消费量下降了 24.84kg,其他三类食物下降量介于 0.15～2kg。其余类型食物人均消费量均有所增长(表 5-1,表 5-2)。

(5)东南亚地区谷物、水果和蔬菜人均消费量居各类食物前列,海洋产品和油料消费量居丝路各共建地区之首,人均消费量分别达到了 39kg/a 和 14kg/a。

2018 年,东南亚地区谷物、水果、蔬菜人均消费量位居前三,分别达到了 142.00kg/a、72.35kg/a 和 72.15kg/a。薯类、海洋产品和肉类消费量也较高,分别达到了 42.80kg/a、38.93kg/a 和 31.11kg/a。同期,油料人均消费量达到了 13.74kg/a,与海洋产品人均消费量同居丝路各共建地区之首。

从变化来看,1995～2018 年,东南亚地区多种食物人均消费量有所增长。其中,蔬菜、海洋产品和水果人均消费量增量居前列,分别增长了 24.90kg、16.85kg 和 15.90kg,较 1995 年分别增长了 52.70%、76.31% 和 28.17%。同期,谷物、奶类和油料人均消费量下降量较大,分别减少了 15.60kg、7.03kg 和 1.91kg(表 5-1,表 5-2)。

(6)西亚及中东地区谷物、蔬菜和水果人均消费量居各类食物前列,谷物、水果、坚果、植物油脂消费量居丝路各共建地区之首,人均消费量分别达到了 186kg/a、101kg/a、4kg/a 和 13kg/a。

2018 年,西亚及中东地区谷物、蔬菜和水果人均消费量居各类食物前列,分别达到了 185.61kg/a、158.62kg/a 和 101.08kg/a。奶类、薯类和糖料消费量也较高,分别为 67.91kg/a、41.57kg/a 和 35.85kg/a。同期,坚果和植物油脂人均消费量分别达到了 4.41kg/a 和 12.53kg/a,与谷物、水果人均消费量同居丝路各共建地区之首。

从变化来看,1995～2018 年,西亚及中东地区各主要食物增减变化态势不一致,食物消费水平改善不明显。其中,肉类、糖料和海洋产品的人均消费量增量居前三位,分别增加了 12.19kg、5.49kg 和 4.56kg，较 1995 年分别增长了 52.82%、18.08%和 61.13%。同期，谷物、奶类和水果下降量较大，分别减少了 20.73kg、8.12kg 和 1.33kg（表 5-1，表 5-2）。

## 5.2.3 国别格局

聚焦在多数国家人均消费量均较大的主要食物，即谷物、薯类、糖料、蔬菜、水果、植物油脂、肉类、蛋类、奶类和海洋产品，进行国别尺度的食物消费量分析。丝路共建国家和地区各类食物消费量差异较大，中东欧地区多数国家和地区谷物消费量较低且呈下降态势，薯类及其他植物性食物消费量较高，肉类、蛋类和奶类等动物性食物消费量也较高。东南亚地区多数国家和地区谷物消费量较高且呈增长态势，薯类消费量呈下降态势，糖料消费量较高，蔬菜消费量较低，水果、植物油脂消费增长明显。肉类、蛋类和奶类消费量均较低，但蛋类和奶类增长明显。海洋产品消费量较高且有明显增加。南亚地区多数国家和地区数植物性食物消费特征与东南亚地区一致，动物性食物中肉类和蛋类消费水平较低，奶类增长明显。中亚地区多数国家和地区水果消费量改善明显，奶类消费量较高。西亚及中东地区多数国家和地区薯类消费量较低，水果消费量较高，奶类消费量明显增加，海洋产品消费量较低。

**1. 谷物——中东欧地区国家消费量普遍较低且有所下降，东南亚/南亚地区国家消费量相对较高**

丝路共建国家谷物年直接消费量在 150～200kg 的国家居多。1995 年，丝路有 31 个共建国家谷物消费量高于全球水平（150.93kg/a），年消费量在 150～200kg 的国家居多。其中，年消费量大于 250kg 的国家仅 1 个，低于 120kg 的国家仅 4 个。28 个国家谷物年消费量介于 150～200kg，占比近 50%。到 2018 年，年消费量高于 250kg 的国家增至 5 个，低于 120kg 的国家增至 9 个，处于 150～200kg 的国家减至 19 个，占比分别为 8.62%、15.52%和 32.76%（表 5-3）。

表 5-3　丝路共建国家谷物消费量分级统计

| 等级/（kg/a） | 1995 年 | | 2018 年 | |
|---|---|---|---|---|
| | 数量/个 | 比例/% | 数量/个 | 比例/% |
| 低（<120） | 4 | 7.02 | 9 | 15.52 |
| 较低（120～150） | 20 | 35.09 | 16 | 27.59 |
| 中等（150～200） | 28 | 49.12 | 19 | 32.76 |
| 较高（200～250） | 4 | 7.02 | 9 | 15.52 |
| 高（>250） | 1 | 1.75 | 5 | 8.62 |

从空间格局来看，中东欧地区国家和地区谷物消费量普遍较低且进一步下降，东南亚地区、南亚地区谷物消费量相对较高，且有所增加。1995～2018 年，低谷物消费量国家主要分布于中东欧地区，南亚地区、东南亚地区、南亚地区谷物消费量则相对较高。

到 2018 年，孟加拉国、老挝、印度尼西亚、柬埔寨和埃及谷物消费量超过 250 kg/a，食物消费处于高谷物发展阶段，爱沙尼亚、斯洛伐克、捷克、克罗地亚、哈萨克斯斯坦、白俄罗斯等 6 国谷物消费量处于较低水平，在 100～110kg（图 5-3）。进一步分析发现，1995～2018 年，丝路有 22 个共建国家和地区谷物消费量呈下降趋势，主要包括爱沙尼亚、匈牙利、阿联酋、白俄罗斯、约旦等国，1995 年较 2018 年下降幅度均大于 35%。34 个国家谷物消费量呈增长态势，主要包括菲律宾、孟加拉国、老挝、斯里兰卡和印度尼西亚等国，1995 年较 2018 年增长幅度均 50%。整体上，丝路共建国家谷物消费量变化呈现出两极分化趋势，经济较发达、谷物消费量较低中东欧地区国家谷物消费量进一步下降，而经济欠发达且人口数量较多的国家谷物消费量则有所增加。

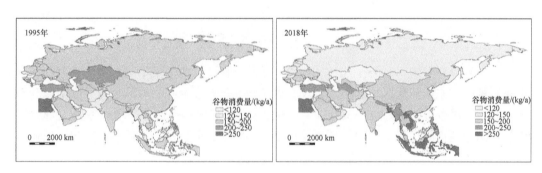

图 5-3　丝路共建国家谷物消费空间格局

### 2. 薯类——中东欧地区国家薯类消费量较高，西亚及中东地区国家消费量较低

从薯类直接消费量来看，丝路共建国家和地区薯类消费以低于 60 kg 国家居多。1995 年，年薯类消费量低于 60 kg 国家有 36 个，占比超过 60%，年消费量大于 90 kg 的国家仅有 10 个，占比不足 20%。到 2018 年，低于 60 kg 的国家增长至 40 个，占比接近 70%，而超过 90 kg 的国家则减少至 8 个，占比不足 15%。整体上，呈现出低消费等级国家增加、高消费等级国家数量减少的变化特征（表 5-4）。

表 5-4　丝路共建国家薯类消费量分级统计

| 等级/（kg/a） | 1995 年 | | 2018 年 | |
| --- | --- | --- | --- | --- |
| | 数量/个 | 比例/% | 数量/个 | 比例/% |
| 低（<30） | 26 | 45.61 | 18 | 31.03 |
| 较低（30～60） | 10 | 17.54 | 22 | 37.93 |
| 中等（60～90） | 11 | 19.3 | 10 | 17.24 |
| 较高（90～120） | 3 | 5.26 | 6 | 10.34 |
| 高（>120） | 7 | 12.28 | 2 | 3.45 |

从空间格局来看，1995～2018 年，中东欧地区国家薯类消费量较高，而西亚及中东地区消费量较低。2018 年，白俄罗斯、乌克兰、拉脱维亚、哈萨克斯坦、俄罗斯、波兰、罗马尼亚和吉尔吉斯斯坦国家薯类消费量均高于 90kg。缅甸、阿联酋、也门、泰国和阿

富汗的年薯类消费量不足 15kg。整体上，西亚及中东地区薯类消费量普遍较低、中东欧地区则相对较高（图 5-4）。

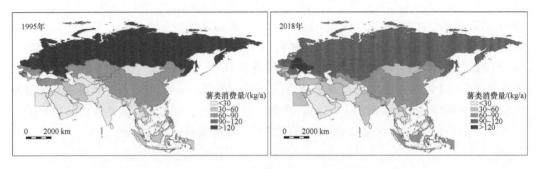

图 5-4　丝路共建国家薯类消费空间格局

进一步分析发现，1995～2018 年，26 个国家薯类消费量呈下降趋势，主要分布于中东欧地区和东南亚地区，其中东帝汶、克罗地亚、亚美尼亚、爱沙尼亚、立陶宛和菲律宾 6 国下降幅度较大，均在 50%以上。超过半数国家薯类消费量呈增加态势，以阿曼、孟加拉国、蒙古国、阿塞拜疆、乌兹别克斯坦、缅甸、尼泊尔、柬埔寨和阿尔巴尼亚等国家增幅较大，均在 100%以上。

**3. 糖料——中东欧地区国家消费量高，约 8 成共建国家消费量明显增加**

从糖料的直接消费量来看，糖料消费量以 15～45kg/a 的国家居多，高消费量国家有所增加。1995 年，消费量低于 15kg、15～30kg 和 30～45kg 的分别有 17 个、20 个和 15 个，合计占比超过 90%。到 2018 年，年消费量小于 15kg 和 15～30kg 的国家分别减至 7 个和 16 个，其余各等级国家数量均有所增长，消费量超过 30kg 的国家占比超过 60%。整体上，呈现出低消费量国家数量有所下降，高消费量国家数量有所增长的变化特征（表 5-5）。

表 5-5　丝路共建国家糖料消费量分级统计

| 等级/（kg/a） | 1995 年 | | 2018 年 | |
| --- | --- | --- | --- | --- |
| | 数量/个 | 比例/% | 数量/个 | 比例/% |
| 低（<15） | 17 | 29.82 | 7 | 12.07 |
| 较低（15～30） | 20 | 35.09 | 16 | 27.59 |
| 中等（30～45） | 15 | 26.32 | 20 | 34.48 |
| 较高（45～60） | 5 | 8.77 | 7 | 12.07 |
| 高（>60） | 0 | 0 | 8 | 13.79 |

从空间格局来看，1995～2018 年，高糖料消费国家主要位于中东欧地区，近 80%的国家消费量有明显增加。2018 年，黑山、立陶宛、斯洛伐克、俄罗斯、黎巴嫩、乌克兰、白俄罗斯和克罗地亚 8 国的年消费量均在 60kg 以上，中国、孟加拉国、尼泊尔、乌兹别克斯坦、越南、阿富汗和土库曼斯坦年消费量均小于 15kg（图 5-5）。

进一步分析发现，1995～2018 年，丝路仅有 11 个共建国家糖料消费量有所下降，主要包括马尔代夫、以色列、菲律宾、巴基斯坦、土库曼斯坦、科威特、埃及、马来西亚、匈牙利、捷克和乌兹别克斯坦等国。近 80%国家糖料消费量有所增加，其中柬埔寨、老挝、阿富汗、缅甸、阿塞拜疆、立陶宛 6 国消费量增加超过 200%。

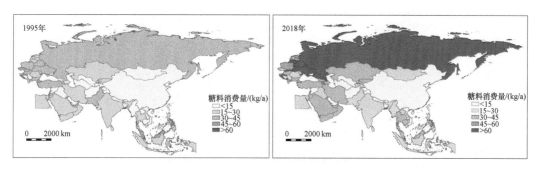

图 5-5　丝路共建国家糖料消费空间格局

### 4. 蔬菜——中东欧地区国家蔬菜消费量普遍较高，东南亚地区国家消费量较低

从蔬菜的直接消费量来看，蔬菜消费量以 50～200kg/a 的共建国家居多，低消费水平国家数量有所减少而高消费水平国家数量有所增加。1995 年，消费量低于 50kg 为 15 个，消费量在 50～200kg 的国家数量到达了 38 个，两者合计占比达 66%。到 2018 年，年消费量小于 50 kg 和介于 50～100kg 的国家减至 8 个和 17 个，消费量介于 100～200kg 和 200～300kg 的国家分别增至 21 个和 10 个，两者合计占比接近 55%。整体上，呈现出高消费量国家数量增加而低消费量国家数量减少的变化特征（表 5-6）。

表 5-6　丝路共建国家蔬菜消费量分级统计

| 等级/（kg/a） | 1995 年 | | 2018 年 | |
| --- | --- | --- | --- | --- |
| | 数量/个 | 比例/% | 数量/个 | 比例/% |
| 低（＜50） | 15 | 26.32 | 8 | 13.79 |
| 较低（50～100） | 22 | 38.6 | 17 | 29.31 |
| 中等（100～200） | 16 | 28.07 | 21 | 36.21 |
| 较高（200～300） | 3 | 5.26 | 10 | 17.24 |
| 高（＞300） | 1 | 1.75 | 2 | 3.45 |

从空间格局来看，1995～2018 年，丝路共建国家蔬菜消费量空间差异较为明显，中东欧地区国家、中国的蔬菜消费量较高，东南亚地区国家蔬菜消费量较低。2018 年，中国、克罗地亚、阿尔巴尼亚、北马其顿、乌兹别克斯坦 5 国蔬菜消费量居前列，中国和克罗地亚年消费量均高于 300kg/a，其余三国年消费量也介于 250～300 kg/a。同时，也门、巴基斯坦、东帝汶、孟加拉国、阿富汗、柬埔寨、泰国和印度尼西亚 8 国蔬菜消费量较低，年消费量不足 50 kg（图 5-6）。

进一步分析发现，1995～2018 年，18 个国家蔬菜消费量有所下降，黎巴嫩、阿联酋、沙特阿拉伯、以色列、格鲁吉亚和也门等西亚及中东地区国家蔬菜消费量下降幅度超过 30%。同期，超过 60%国家蔬菜消费有所增加，以老挝、蒙古国、哈萨克斯坦、吉尔吉斯斯坦、克罗地亚、越南和孟加拉国 7 国增长最为显著，增幅均超过 200%。

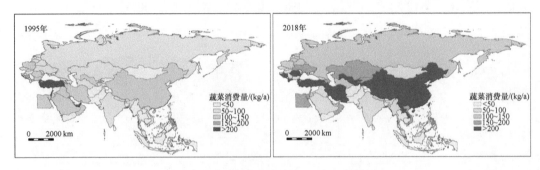

图 5-6　丝路共建国家蔬菜消费空间格局

**5. 水果——中东欧地区和西亚及中东地区国家水果消费量较高，中亚/东南亚地区国家水果增长明显**

水果消费量以 30～90kg/a 的共建国家居多，低消费水平国家数量逐渐减少，高消费水平国家有所增加。1995 年，年消费量小于 30kg 的国家有 14 个，介于 30～90kg 的国家达到了 32 个，占比超 55%。到 2018 年，年消费量小于 30kg 和介于 30～60kg 的国家分别减至 5 个和 16 个，高于 60kg 的国家数量均有所增加，合计占比超 60%。整体上呈现出高消费水平国家数量增加而低消费水平国家数量减少的变化特征（表 5-7）。

表 5-7　丝路共建国家水果消费量分级统计

| 等级/（kg/a） | 1995 年 | | 2018 年 | |
| --- | --- | --- | --- | --- |
| | 数量/个 | 比例/% | 数量/个 | 比例/% |
| 低（<30） | 14 | 24.56 | 5 | 8.62 |
| 较低（30～60） | 21 | 36.84 | 16 | 27.59 |
| 中等（60～90） | 11 | 19.3 | 20 | 34.48 |
| 较高（90～120） | 6 | 10.53 | 10 | 17.24 |
| 高（>120） | 5 | 8.77 | 7 | 12.07 |

从空间格局来看，1995～2018 年，中东欧地区和西亚及中东地区国家水果消费量较高，中亚地区、东南亚地区的国家水果消费量增长明显。2018 年，阿尔巴尼亚、老挝、阿曼、伊朗、斯洛文尼亚、土耳其和黑山 7 国水果消费量居前列，年消费量均超过 120 kg。蒙古国、东帝汶、柬埔寨、巴基斯坦和孟加拉国 5 国水果消费量较低，均不高于 30 kg（图 5-7）。

进一步分析发现，1995～2018 年，丝路有 36 个共建国家水果消费量有所增加，其中老挝、哈萨克斯坦、吉尔吉斯斯坦、阿尔巴尼亚、波黑和中国的消费量增幅均在 200%以上，而黎巴嫩、约旦、东帝汶、阿联酋和科威特水果消量有所下降，降幅均在 30%以上。

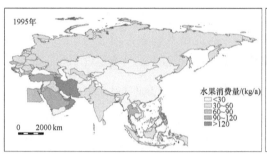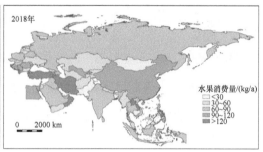

图 5-7　丝路共建国家水果消费空间格局

### 6. 植物油脂——中东欧地区国家消费量较高，东南亚地区国家增加明显

从植物油脂的消费量来看，丝路共建国家植物油脂年消费量在 5～15 kg 的国家居多，高消费水平国家数量有所增加。1995 年，年消费量介于<5 kg、5～10 kg 的国家分别为 17 个和 22 个，合计占比超 60%。到 2018 年，年消费量低于 5 kg 减少至 7 个，而年消费量在 15kg 以上国家数量由 4 个增至 13 个，有明显增加（表 5-8）。

表 5-8　丝路共建国家植物油脂消费量分级统计

| 等级/（kg/a） | 1995 年 | | 2018 年 | |
| --- | --- | --- | --- | --- |
| | 数量/个 | 比例/% | 数量/个 | 比例/% |
| 低（<5） | 17 | 29.82 | 7 | 12.07 |
| 较低（5～10） | 22 | 38.6 | 26 | 44.83 |
| 中等（10～15） | 14 | 24.56 | 12 | 20.69 |
| 较高（15～20） | 2 | 3.51 | 8 | 13.79 |
| 高（>20） | 2 | 3.51 | 5 | 8.62 |

从空间格局来看，中东欧地区国家植物油脂消费量较高，东南亚地区国家增加明显。1995～2018 年，中东欧地区的植物油脂消费水平较高，而南亚地区、东南亚地区消费水平较低。2018 年，以色列、缅甸、约旦、沙特阿拉伯和哈萨克斯坦 5 国植物油消费量居前列，年均消费量均在 20 kg 以上，而马尔代夫、越南、柬埔寨、老挝、阿富汗、斯里兰卡和巴基斯坦等国家消费量较低，均不足 5 kg（图 5-8）。

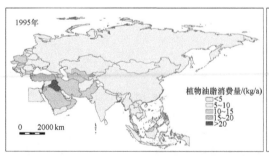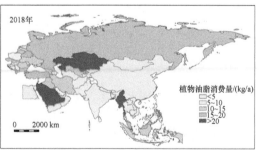

图 5-8　丝路共建国家植物油脂消费量空间格局

93

进一步分析发现，1995～2018 年，丝路有 40 个共建国家植物油脂消费量有所增加，其中立陶宛、蒙古国、东帝汶、波黑、北马其顿、拉脱维亚和老挝增幅均超过 200%。同期，马尔代夫、巴基斯坦、波兰和伊拉克等国家下降幅度较大，均超过 30%。

### 7. 肉类——南亚地区和东南亚地区肉类消费量较低，中东欧地区国家消费量较高

从年人均肉类消费量来看，丝路肉类消费量差异明显，整体上呈现高消费水平国家增加的变化态势。1995 年，分别有 17 个和 19 个国家人均肉类年消费量小于 20kg 或介于 20～40kg，合计占比超过 60%。年消费量高于 60kg 的仅有 10 个，相对较少。到 2018 年，人均消费量小于 40kg 的国家数量减少至 28 个，而超过 60kg 的增至 20 个。整体上，丝路共建国家肉类消费呈现出高消费水平国家，低消费水平国家减少的变化态势（表 5-9）。

表 5-9　丝路共建国家肉类消费量分级统计

| 等级/（kg/a） | 1995 年 | | 2018 年 | |
| --- | --- | --- | --- | --- |
| | 数量/个 | 比例/% | 数量/个 | 比例/% |
| 低（<20） | 17 | 29.82 | 11 | 18.97 |
| 较低（20～40） | 19 | 33.33 | 17 | 29.31 |
| 中等（40～60） | 11 | 19.3 | 10 | 17.24 |
| 较高（60～80） | 5 | 8.77 | 13 | 22.41 |
| 高（>80） | 5 | 8.77 | 7 | 12.07 |

从空间格局来看，南亚地区、东南亚地区肉类消费量较低，中东欧地区消费量较高。2018 年，以色列、波兰、蒙古国、白俄罗斯、匈牙利、立陶宛和捷克 7 国人均肉类消费量高于 80kg/a，主要是畜牧业较为发达国家；印度、孟加拉国、斯里兰卡、阿富汗、柬埔寨、印度尼西亚、塔吉克斯坦、尼泊尔、伊拉克、也门和巴基斯坦 11 国人均肉类消费量低于 20kg/a（图 5-9）。

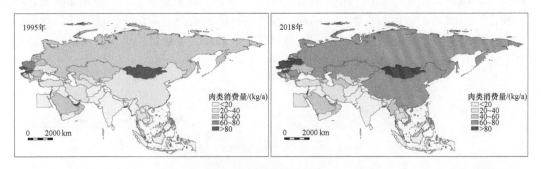

图 5-9　丝路共建国家肉类消费量空间格局

进一步分析发现，1995～2018 年，超过 60%国家肉类消费量呈上升态势，缅甸、越南、阿塞拜疆、伊拉克、克罗地亚和波黑 6 个国家肉类消费量有大幅度提高，增幅超

过 100%。有 13 个国家肉类消费量有所下降，阿富汗、阿联酋、斯洛文尼亚、吉尔吉斯斯坦、黎巴嫩、柬埔寨、东帝汶和斯洛伐克等国家下降明显，降幅超过 10%。

**8. 蛋类——西亚及中东地区、中亚地区、南亚地区国家蛋类消费水平较低，中东欧地区和东南亚地区国家消费量增加明显**

从年人均蛋类消费量来看，丝路共建国家蛋类消费差异明显，低消费水平国家较多，高消费水平国家较少。1995 年，丝路年人均消费量低于 8kg 的共建国家达到了 35 个（超 60%），消费量高于 12kg 的国家仅 12 个（超 20%）。到 2018 年，年人均消费量低于 8kg 的国家减至 25 个，高于 12kg 的增至 17 个。整体上呈现低消费水平国家减少，高消费水平国家增加的变化特征（表 5-10）。

表 5-10　丝路共建国家蛋类消费量分级统计

| 等级/（kg/a） | 1995 年 | | 2018 年 | |
| --- | --- | --- | --- | --- |
| | 数量/个 | 比例/% | 数量/个 | 比例/% |
| 低（<4） | 22 | 38.6 | 12 | 20.69 |
| 较低（4~8） | 13 | 22.81 | 13 | 22.41 |
| 中等（8~12） | 10 | 17.54 | 16 | 27.59 |
| 较高（12~16） | 8 | 14.04 | 12 | 20.69 |
| 高（>16） | 4 | 7.02 | 5 | 8.62 |

从空间格局来看，西亚地区、中亚地区、南亚地区的国家蛋类消费水平较低，随时间演进中东欧地区、东南亚地区国家人均蛋类消费量明显增加。1995~2018 年，丝路共建国家蛋类消费空间格局变动较为明显，中东欧地区、东南亚地区多数国家蛋类消费量增量明显，而南亚地区国家蛋类消费量仍处于较低水平。到 2018 年，科威特、中国、立陶宛、马来西亚和俄罗斯 5 国人均蛋类消费量前列，高于 16kg/a，柬埔寨、阿富汗、也门、东帝汶、老挝、塔吉克斯坦、尼泊尔、黎巴嫩、印度、巴基斯坦、约旦和孟加拉国 12 国蛋类消费量不足 4kg/a（图 5-10）。

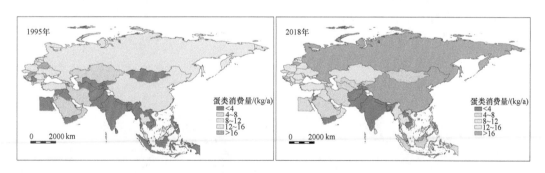

图 5-10　丝路共建国家蛋类消费量空间格局

进一步分析发现，丝路共建国家近 70%国家人均蛋类消费量有所增加，其中，蒙古国、伊拉克、缅甸、塔吉克斯坦、孟加拉国、越南、亚美尼亚和阿尔巴尼亚 8 国蛋类消费量增量超过 200%。有 9 个国家蛋类消费量有所下降，黎巴嫩、北马其顿、约旦、捷克、保加利亚和斯洛伐克等国降幅明显，超过 20%。

**9. 奶类——中东欧/中亚地区国家消费量较高，东南亚地区/中国消费量较低，西亚及中东/南亚地区国家明显增加**

从年人均奶类消费量来看，丝路共建国家奶类消费量以低消费量国家为主，且逐渐增加，中等及以上消费量国家数量相对稳定。1995 年，年人均消费量低于 50kg 的共建国家有 16 个，占比近 30%，同期有 7 个国家消费量大于 200kg，相对较少，其余各等级国家数量均在 10 个左右。到 2018 年，消费量低于 50kg 的国家增至 22 个，占比增至近 38%，介于 50~100kg 之间的国家减至 6 个，其余各等级国家数量基本与 1995 年一致。整体上，丝路共建国家形成了以低奶类消费量国家居多、高奶类消费量国家较少的特征（表 5-11）。

表 5-11　丝路共建国家奶类消费量分级统计

| 等级/（kg/a） | 1995 年 | | 2018 年 | |
|---|---|---|---|---|
| | 数量/个 | 比例/% | 数量/个 | 比例/% |
| 低（<50） | 16 | 28.07 | 22 | 37.93 |
| 较低（50~100） | 12 | 21.05 | 6 | 10.34 |
| 中等（100~150） | 12 | 21.05 | 11 | 18.97 |
| 较高（150~200） | 10 | 17.54 | 12 | 20.69 |
| 高（>200） | 7 | 12.28 | 7 | 12.07 |

从空间格局来看，人均奶类高消费量国家以中东欧地区、中亚地区国家为主，低消费量国家以东南亚地区及中国为主，西亚及中东地区和南亚地区的国家奶类消费量有明显增加。1995~2018 年，丝路共建国家人均奶类消费量格局基本稳定，高消费量国家主要集于中东欧地区、中亚地区，中等消费量国家主要分布于西亚及中东地区、南亚地区，低消费量国家主要集中于东南亚地区。到 2018 年，黑山、阿尔巴尼亚、爱沙尼亚、哈萨克斯坦、罗马尼亚、亚美尼亚和克罗地亚 7 国奶类消费量居前列，年人均消费量超过 200kg，而菲律宾、老挝、柬埔寨、印度尼西亚、马来西亚、东帝汶、越南和也门消费量较低，年人均消费量均不超过 10 kg（图 5-11）。

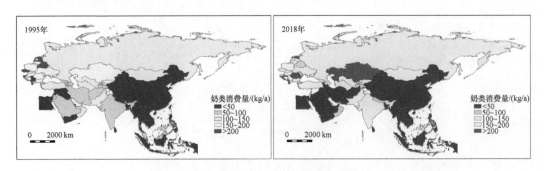

图 5-11　丝路共建国家奶类消费量空间格局

进一步分析发现，1995~2018 年，仅有 25 个共建国家人均奶类消费量呈增加态势，以亚美尼亚、中国、越南、印度、波黑、哈萨克斯坦、伊拉克和格鲁吉亚等国家增幅最大，均超过 60%。半数国家奶类消费量呈下降态势，以菲律宾、马来西亚、科威特、阿联酋、白俄罗斯和也门等国家下降幅度最大，均超过 60%。

**10. 海洋产品——东南亚地区国家消费量较高且增量明显，而中亚/西亚及中东地区国家消费量较低**

丝路共建国家人均海洋产品消费量以低水平国家为主。1995 年，有 37 个国家年海洋产品消费量低于 10kg，占比近 65%，而高于 30kg 的国家仅有 5 个。到 2018 年，消费量低于 10kg 的国家降至 28 个，占比近 50%，消费量在 30kg 以上的国家增至 9 个，占比不足 20%（表 5-12）。

表 5-12　丝路共建国家海洋产品消费量分级统计

| 等级/（kg/a） | 1995 年 | | 2018 年 | |
| --- | --- | --- | --- | --- |
| | 数量/个 | 比例/% | 数量/个 | 比例/% |
| 低（<10） | 37 | 64.91 | 28 | 48.28 |
| 较低（10~20） | 9 | 15.79 | 11 | 18.97 |
| 中等（20~30） | 6 | 10.53 | 10 | 17.24 |
| 较高（30~40） | 3 | 5.26 | 4 | 6.9 |
| 高（>40） | 2 | 3.51 | 5 | 8.62 |

从空间格局来看，东南亚地区共建国家海洋产品消费量较高，且增量明显，而中亚地区、西亚及中东地区的消费量较低。1995~2018 年，中亚地区、西亚及中东地区、南亚地区多数共建国家海洋产品消费量较小，而东南亚地区的国家海洋产品消费量较高。到 2018 年，马尔代夫、马来西亚、缅甸、印度尼西亚和柬埔寨等国海洋产品人均消费量均在 40kg/a，而阿富汗、塔吉克斯坦、蒙古国、吉尔吉斯斯坦、巴基斯坦、乌兹别克斯坦、哈萨克斯坦、土库曼斯坦、尼泊尔、也门、阿塞拜疆、伊拉克和土耳其等国家海洋产品消费量较低，均不足 5kg/a（图 5-12）。

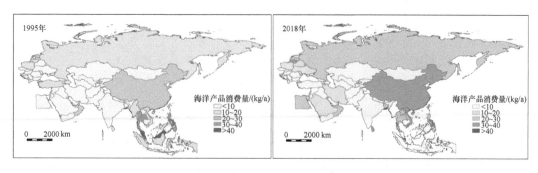

图 5-12　丝路共建国家海洋产品消费量空间格局

进一步分析发现，1995～2018 年，丝路近 80%共建国家海洋产品消费量呈增加态势，以海洋产品消费量较低的国家为主，蒙古国、波黑、格鲁吉亚、保加利亚、克罗地亚、阿尔巴尼亚、亚美尼亚、吉尔吉斯斯坦、摩尔多瓦、柬埔寨、塔吉克斯坦和乌兹别克斯坦等国增幅居前列，增幅均超过 300%。同期，8 个国家海洋产品有所下降，其中土耳其、也门、马尔代夫、爱沙尼亚和巴基斯坦下降幅度居前列，均高于 20%。

## 5.3 丝路共建国家膳食热量水平

### 5.3.1 全域水平

从全域来看，丝路共建国家人均膳食热量水平和增速分别略低于和略高于全球一般水平（图 5-13）。从膳食热量水平来看，2018 年，丝路共建人均膳食热量水平为 2881kcal/（人·d），低于全球水平 146kcal/（人·d），约为全球水平的 98.37%。从变化来看，1995～2018 年，丝路共建地区人均膳食热量水平增加了 365kcal/（人·d），2018 年较 1995 年增长了近 15%。与全球比较而言：1995～2018 年，全球人均膳食热量水平从 2663kcal/（人·d）增长至 2929kcal/（人·d），增加了 266kcal/（人·d），2018 年较 1995 年增涨了近 10%。相较而言，丝路共建地区热量增加量和增幅均高于全球一般水平，热量水平与全球一般水平差距逐渐缩小，膳食消费营养水平改善程度优于全球一般水平。

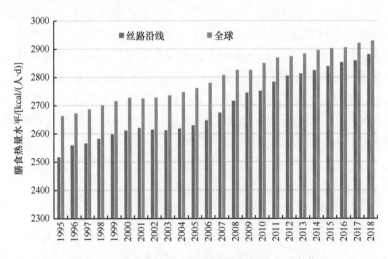

图 5-13　丝路共建国家和全球膳食热量水平变化

从来源结构来看，2018 年，植物性食物是丝路共建地区膳食主要的热量来源，占比为 86.94%，动物性食物占比仅为 13.06%（图 5-14）。其中，谷物比重最高，占比为 49.75%，植物油脂、肉类和糖料供给比位居二至四位，分别为 8.38%、7.68%和 6.50%。其余各类占比均不超过 5%，占比较低。从变化来看，1995～2018 年，动物性食物热量供给比增加了 3.99%，植物性食物有相应比例下降，膳食营养质量有所改善。其中，谷物、薯类和液体饮料的供热比有所下降，分别下降了 8.58%、0.84% 和 0.11%。同期，蔬菜、植物油脂、肉类、水果、奶类热量供给比均有所上升，增加了 1.1%～1.76%，其余各类食物热量供给比增加不明显。

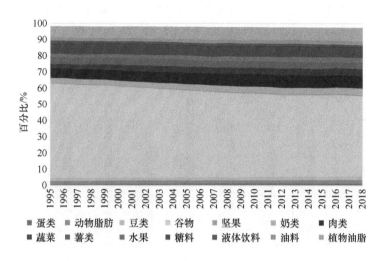

图 5-14　丝路共建国家主要食物膳食热量供给比

全球比较来看，在热量来源结构方面，2018 年，植物性食物是全球热量的主要来源，供给比达到 82.01%，动物性食物热量供给比较低。其中，谷物热量供给比达到 44.62%，植物油脂、肉类、糖料位列第二至四位，分别为 9.97%、8.02% 和 7.95%。丝路共建国家和地区的植物性食物热量供给比高于全球水平，动物性食物热量供给比低于全球水平。其中，谷物、蔬菜、香料等 8 种大类食物的热量供给比高于全球水平，植物油脂、糖料、薯类等 12 种大类食物热量供给比低于全球水平。

在膳食热量供给比变化方面，1995～2018 年，全球动物性食物热量供给比从 16.07% 增加到 17.99%，增加了 1.93%。其中谷物、糖料、液体饮料和薯类分别减少了 4.95%、0.61%、0.43% 和 0.25%。相较而言，谷物热量供给比下降更为明显，动物性食物在热量供给增加比高于全球一般水平，膳食消费的营养质量改善程度优于全球，对高热量的淀粉类食物依赖度下降，对动物性食物的需求程度高于全球一般水平。

## 5.3.2　分区尺度

丝路各共建地区膳食热量水平存在一定差异。2018 年，中东欧地区、中蒙俄地区以及西亚及中东地区人均膳食热量水平较高，介于 3150～3350kcal/（人·d）；中亚地区、东南亚地区和南亚地区人均膳食热量水平相对较低，介于 2520～2880kcal/（人·d）（图 5-15）。

从变化来看，1995～2018 年，东南亚地区和中蒙俄地区膳食热量水平改善程度均优于丝路共建地区平均水平。其中，东南亚地区增量居第二，增幅居第一，膳食热量水平从 2342kcal/（人·d）增长到 2828kcal/（人·d），2018 年较 1995 年增长了 20.76%。中蒙俄地区膳食热量水平从 2711kcal/（人·d）增长到 3218kcal/（人·d），2018 年较 1995 年增长了 18.70%，增幅均居第二位。中亚地区、中东欧地区和南亚地区膳食热量水平增量介于 230~260kcal/（人·d），增幅在 8%~10.50%，西亚及中东地区由于热量水平处在较高的水平，膳食热量水平改善幅度有限，1995~2018 年，从 3076kcal/（人·d）增长到 3169kcal/（人·d），仅增长了 94kcal/（人·d），增长了 3.04%。

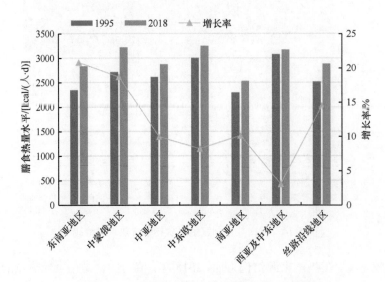

图 5-15  丝路不同共建地区膳食热量水平变化

丝路各共建地区膳食热量来源结构整体上较为相似，但不同地区也存在一定差异。从植物性食物热量供给比来看，2018 年，南亚地区、西亚及中东地区和东南亚地区植物性食物热量供给比例均较高，在 88% 左右。中亚地区和中蒙俄地区植物性食物热量供给比居中，在 77% 左右。中东欧地区动物性热量供给比相对较高，达到了 25.92%（图 5-16）。

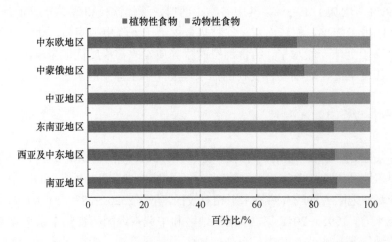

图 5-16  2018 年丝路不同共建地区植物性食物和动物性食物膳食热量供给比

从变化来看，1995～2018 年，中蒙俄地区植物性食物热量供给比下降最多，从83.43%下降到76.67%，减少了6.76%。东南亚地区、南亚地区植物性食物热量供给比分别从90.99%和91.84%下降到87.06%和88.27%，分别减少了3.93%和3.57%。西亚及中东地区、中亚地区植物性食物热量供给比均下降了2.68%，中东欧地区植物性食物热量供给比较低，1995～2018 年下降了0.15%。

2018 年中亚地区谷物、奶类、植物油脂热量供给比居前三位，分别为43.39%、11.12%和10.33%（图 5-17）。其中，奶类的热量供给比在丝路各共建地区奶类热量供给比中居第一位。从变化来看，1995～2018 年，中亚地区谷物和脂肪供给热量比均有所下降，分别下降了14.81%和0.38%。同期，蔬菜、水果、奶类的热量供给比增长较高，分别增加了3.44%、2.43%和2.27%。

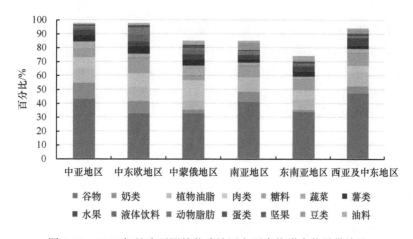

图 5-17　2018 年丝路不同的共建地区主要食物膳食热量供给比

2018 年中东欧地区谷物、糖料和植物油脂热量供给比居前三位，分别为32.95%、11.12%和 10.32%。同期，中东欧地区的糖料、薯类、液体饮料、动物脂肪、固体饮料热量供给比分别为11.12%、5.43%、5.27%、5.15%和0.66%，在丝路各共建地区同类食物中居第一位。从变化来看，1995～2018 年，中东欧地区 7 种食物热量供给比下降，其中谷物、薯类、奶类下降较为明显，分别下降了5.70%、0.92%和0.68%。同期，植物油脂、液体饮料和水果的热量供给比有所增长，分别增加了2.58%、1.14%和1.05%。

2018 年中蒙俄地区谷物、肉类和蔬菜热量供给比居前三位，分别为33.06%、14.63%和7.28%。同期，蛋类和淡水产品热量供给比分别为14.63%、7.28%、2.43%和0.37%，热量供给比与肉类和蔬菜在丝路各共建地区同类食物中居第一位。从变化来看，1995～2018 年，中蒙俄的 7 种食物热量供给比有所下降，谷物、薯类和油料下降百分比居前三，分别减少了23.80%、2.07%和0.37%。同期，肉类、蔬菜和水果热量供给比增长较多，分别增加了4.15%、3.83%和2.12%。

2018 年南亚地区的谷物、植物油脂和糖料热量供给比居前三位，分别达到了41.30%、9.63%和8.54%。同期，豆类和香料的热量供给比分别达到了4.96%和1.03%，在丝路各共建地区同类食物中居第一位。从变化来看，1995～2018年，南亚地区5种食物热量供给比下降，其中谷物、油料和糖料热量供给比下降较为明显，分别减少了22.02%、0.43%和0.05%。同期，植物油脂、奶类和动物脂肪热量供给比增加较为明显，分别增长了2.27%、1.98%和1.24%。

2018年东南亚地区的谷物、糖料和植物油脂热量供给比居前三位，分别达到了34.06%、7.73%和7.68%。同期，油料和海洋产品的热量供给比分别达到了2.68%和2.63%，在丝路各共建地区同类食物中居第一位。从变化来看，1995～2018年，东南亚地区4种食物热量供给比下降，其中谷物、油料和薯类热量供给比下降较为明显，分别减少了27.81%、0.43%和0.66%。同期，肉类、植物油脂和海洋产品的热量供给比增加较为明显，分别增长了1.98%、1.79%和0.80%。

2018年西亚及中东地区的谷物、植物油脂和糖料热量供给比居前三位，分别达到了47.47%、10.42%和8.88%。同期，水果和坚果的热量供给比分别达到了5.06%和1.20%，与谷物、植物油脂同在丝路各共建地区同类食物中居第一位。从变化来看，1995～2018年，西亚及中东地区3种食物热量供给比下降，包括谷物、豆类和薯类，分别减少了8.80%、0.37%和0.01%。同期，肉类、奶类和植物油脂的热量供给比增加较为明显，分别增长了1.18%、0.90%和0.63%。

### 5.3.3 国别格局

#### 1. 热量水平

2018年，丝路各共建国家膳食热量水平差异显著，5个国家膳食热量水平高于3500 kcal/（人·d），20个国家膳食热量水平介于3000～3500 kcal/（人·d），22个国家膳食热量水平介于2500～3000 kcal/（人·d），8个国家膳食热量水平在2000～2500 kcal/（人·d）。具体来看，土耳其、罗马尼亚、波兰、以色列、黑山5国膳食热量水平居前列，均高于3500 kcal/（人·d），阿富汗、塔吉克斯坦、也门、马尔代夫、东帝汶5国膳食热量水平较低，均不足2300 kcal/（人·d）。从空间格局上看，高膳食热量水平国家主要分布于中东欧地区，低膳食热量国家主要分布于南亚地区、东南亚地区（图5-18）。

从变化来看，1995～2018年，丝路49个共建国家膳食热量水平有所增加。其中，阿塞拜疆、越南、缅甸、老挝、亚美尼亚5国增量较大，均在650 kcal/（人·d）以上，增幅也均在介于32%～52%。同期，丝路7个共建国家膳食热量水平有所下降，其中，黎巴嫩、马尔代夫、摩尔多瓦下降量较大，分别减少了433 kcal/（人·d）、186 kcal/（人·d）、109 kcal/（人·d），马来西亚、保加利亚、埃及、土耳其下降量在4～75 kcal/（人·d）。

#### 2. 来源结构

聚焦于多数国家热量供给比较高的主要食物，即谷物、植物油脂、肉类、糖料、奶类、蔬菜、薯类、水果、豆类、动物脂肪、油料、液体饮料、蛋类、坚果，进行国别尺度的食物热量结构分析。

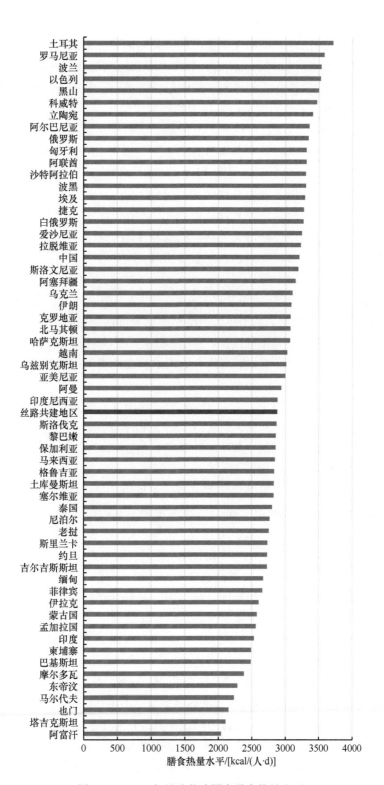

图 5-18　2018 年丝路共建国家膳食热量水平

从热量来源看，2018 年，植物性食物是丝路共建国家主要的热量来源，多数国家的植物性食物热量供给比超过 80%。丝路有 6 个共建国家植物性食物热量供给比低于 70%，主要包括克罗地亚、拉脱维亚、匈牙利、爱沙尼亚、黑山、蒙古国，这类国家动物性食物消费量较高。同期，18 个的国家植物性食物热量供给比高于 85%，其中，孟加拉国、也门、印度尼西亚、斯里兰卡、柬埔寨、尼泊尔、伊拉克、埃及、阿富汗、老挝植物性食物热量供给比均超过 90%，呈现出典型的植物性食物为主的膳食消费模式（图 5-19）。

从变化来看，1995～2018 年，丝路 40 个共建国家植物性食物热量供给比下降。其中，缅甸、亚美尼亚、越南下降百分比较大，分别下降了 14.20%、12.12%、11.44%，动物性食物在热量供给上的角色越来越重要。同期，16 个国家植物性食物热量供给比增加，其中，阿富汗、阿联酋、斯洛文尼亚、科威特 4 国最为明显，分别增加了 6.20%、5.18%、4.42% 和 4.30%，食物模式趋向于素食模式。

从主要食物热量供给比来看：

（1）谷物：2018 年 19 个国家谷物热量供给比超过 50%，其中，孟加拉国、阿富汗、柬埔寨、也门、埃及、东帝汶、尼泊尔、印度尼西亚 8 国，谷物的热量供给比超过 60%，谷物在膳食热量来源中占绝对主导地位。同期，捷克、爱沙尼亚、白俄罗斯、克罗地亚、哈萨克斯坦、匈牙利、拉脱维亚、斯洛伐克等国的膳食消费对谷物需求较低，热量供给比不足 30%。

从变化来看，1995～2018 年，丝路有 44 个共建国家谷物热量供给比有所下降，其中，哈萨克斯坦、波黑、越南、缅甸、老挝 5 国下降较为明显，均超过 15%。同期，12 个国家谷物热量供给比有所增长，其中，阿联酋、黎巴嫩、东帝汶、伊拉克、匈牙利、菲律宾 6 国增长较为明显，均超过 4%。

（2）薯类：2018 年丝路多数共建国家薯类热量供给比处于较低水平，其中，白俄罗斯的薯类热量供给比为 10.24%，乌克兰、印度尼西亚、哈萨克斯坦、拉脱维亚、吉尔吉斯斯坦、尼泊尔 6 国薯类的热量供给比介于 6%～8.5%，处于相对较高水平。同期，阿富汗、阿联酋的薯类热量供给比均不足 1%，处于极低水平。

从变化来看，1995～2018 年，丝路有 25 个共建国家薯类热量供给比有所上升，其中，尼泊尔、乌兹别克斯坦、孟加拉国、蒙古国、阿塞拜疆、哈萨克斯坦 6 国上升较为明显，均超过 2%。同期，31 个国家薯类热量供给比有所下降，其中，东帝汶薯类热量供给比下降了 13.68%，克罗地亚、亚美尼亚、立陶宛 3 国下降也较为明显，略高于 5%。

（3）豆类：2018 年丝路多数共建国家豆类热量供给比处于较低水平，其中，阿联酋、印度、缅甸、尼泊尔 4 国豆类的热量供给比介于 4%～6%，格鲁吉亚、土库曼斯坦、白俄罗斯、乌兹别克斯坦、拉脱维亚 5 国豆类的热量供给比不足 0.1%，处于极低水平。

从变化来看，1995～2018 年，丝路有 25 个共建国家豆类热量供给比有所上升，其中，阿联酋、缅甸、柬埔寨、塔吉克斯坦、吉尔吉斯斯坦、尼泊尔、斯里兰卡 7 国上升较为明显，均超过 1%。同期，27 个国家豆类热量供给比有所下降，其中，黎巴嫩、克罗地亚、也门、东帝汶、老挝 5 国下降较为明显，介于 1%～2%。

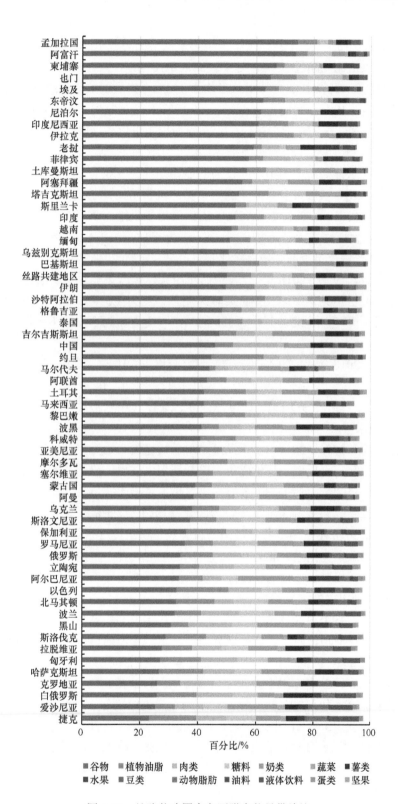

图 5-19　丝路共建国家主要膳食热量供给比

（4）肉类：2018 年 15 个共建国家肉类热量供给比超过 10%，其中，蒙古国、越南、中国肉类热量供给比均超过 15%，处于较高水平。同期，16 个国家肉类热量供给比小于 5%，其中印度、孟加拉国、斯里兰卡均小于 1%，肉类的热量供给处于较低水平。

从变化来看，1995～2018 年，丝路沿有 35 个共建国家肉类热量供给比有所上升，其中，越南、缅甸、克罗地亚、中国、土库曼斯坦、以色列、摩尔多瓦 7 国上升较为明显，均超过 3%。同期，21 个国家肉类热量供给比有所下降，其中，蒙古国、阿联酋、斯洛文尼亚、吉尔吉斯斯坦 4 国下降较为明显，均超过 3%。

（5）蛋类：2018 年丝路多数共建国家蛋类热量供给比处于较低水平，其中，马来西亚、中国、马尔代夫、科威特、立陶宛 5 国蛋类热量供给比基于 2%～3%，处于相对较高水平。同期，柬埔寨、老挝、也门、阿富汗、东帝汶、尼泊尔、黎巴嫩、塔吉克斯坦、印度、埃及 10 个国家蛋类的热量供给比不足 0.5%，处于极低水平。

从变化来看，1995～2018 年，丝路有 44 个共建国家蛋类热量供给比有所上升，其中，马尔代夫、伊拉克、缅甸 3 国上升较为明显，约为 1.5%。同期，12 个国家蛋类热量供给比有所下降，其中，北马其顿、匈牙利、约旦、捷克 4 国下降较为明显，介于 0.5%～0.9%。

（6）奶类：2018 年 14 个国家奶类热量供给比超过 10%，其中，阿尔巴尼亚、爱沙尼亚、黑山 3 国供给比超过 15%，处于较高水平。同期，14 个国家奶类的热量供给比小于 3%，其中，老挝、柬埔寨、印度尼西亚、菲律宾和东帝汶奶类热量供给比均不足 1%，处于极低水平。

从变化来看，1995～2018 年，丝路有 38 个共建国家奶类热量供给比有所上升，其中，亚美尼亚、哈萨克斯坦、马尔代夫、巴基斯坦、波黑、北马其顿、蒙古国 7 国上升较为明显，均超过 3%。同期，18 个国家奶类热量供给比有所下降，其中，白俄罗斯、乌克兰、拉脱维亚、科威特 4 国下降较为明显，均超过 2.5%。

（7）蔬菜：2018 年丝路多数共建国家蔬菜热量供给比处于较低水平，其中，中国、塔吉克斯坦、乌兹别克斯坦、北马其顿、阿尔巴尼亚、吉尔吉斯斯坦 6 国蔬菜的热量供给介于 5%～8%，相对水平较高。也门、东帝汶、柬埔寨、巴基斯坦 4 国蔬菜的热量供给比不足 1%，处于极低水平。

从变化来看，1995～2018 年，丝路有 39 个共建国家蔬菜热量供给比有所上升，其中，老挝、塔吉克斯坦、中国、乌兹别克斯坦、吉尔吉斯斯坦、哈萨克斯坦 6 国上升较为明显，均超过 3%。同期，17 个国家蔬菜热量供给比有所下降，其中，黎巴嫩、阿联酋、沙特阿拉伯、伊拉克 4 国下降较为明显，均超过 2.5%。

（8）水果：2018 年丝路多数共建国家水果热量供给比处于较低水平，其中，阿曼水果的热量供给比为 13.61%，老挝、阿尔巴尼亚、沙特阿拉伯、伊朗、斯洛文尼亚、北马其顿、菲律宾、埃及、以色列 9 国供给水平处于 5%～9%，处于相对较高水平。同期，蒙古国、柬埔寨、东帝汶、孟加拉国、巴基斯坦、马来西亚 6 国水果的热量供给比均不足 2%，处于较低水平。

从变化来看，1995～2018 年，丝路有 39 个共建国家水果热量供给比有所上升，其中，老挝和阿尔巴尼亚分别增长了 7.10%和 5.92%，波黑、乌兹别克斯坦、哈萨克斯坦、中国、斯洛文尼亚 5 国上升较为明显，均超过 2%。同期，17 个国家水果热量供给比有所下降，其中，黎巴嫩水果热量供给比下降了 5.18%，阿联酋、阿塞拜疆、伊拉克、泰国 4 国下降较为明显，介于 1.0%～2.5%。

就空间格局而言，中东欧地区、中亚地区多数国家植物性食物的热量供给比在 70%以下，西亚及中东地区、南亚地区、东南亚地区多数国家仍维持较高的植物性食物热量供给比。其中，孟加拉国、也门、印度尼西亚、斯里兰卡、柬埔寨、尼泊尔、伊拉克、埃及、阿富汗和老挝 10 国植物性食物热量供给比超过 90%，反映出这类国家以植物性食物为主的膳食消费模式。同期，蒙古国、黑山、爱沙尼亚、匈牙利、拉脱维亚、克罗地亚 6 个国家植物性食物热量供给比不足 70%，动物性食物在这类国家中有重要地位（图 5-20）。

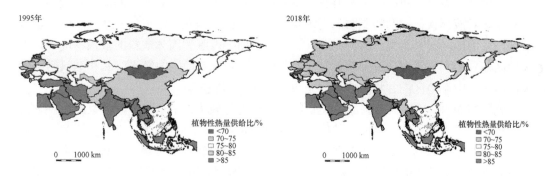

图 5-20　丝路共建国家植物性食物热量供给比空间格局

就变化情况来看，1995～2018 年，丝路近 70%共建国家植物性食物热量供给比有所下降。缅甸、亚美尼亚、越南、克罗地亚、中国、摩尔多瓦、波黑和马尔代夫 8 国植物性食物热量供给比下降量居前列，供给比例下降均超过 5%。同期，阿富汗、阿联酋、斯洛文尼亚、科威特 4 国植物性食物热量供给比增量居前列，均超过 4%（表 5-13）。

表 5-13　丝路共建国家植物性食物热量供给百分比分级统计

| 等级/% | 1995 年 | | 2018 年 | |
|---|---|---|---|---|
| | 数量/个 | 比例/% | 数量/个 | 比例/% |
| 低（<70） | 4 | 7.02 | 6 | 10.34 |
| 较低（70～75） | 8 | 14.04 | 14 | 24.14 |
| 中等（75～80） | 13 | 22.81 | 9 | 15.52 |
| 较高（80～85） | 8 | 14.04 | 11 | 18.97 |
| 高（>85） | 24 | 42.11 | 18 | 31.03 |

## 5.4　本章小结

本章基于 FAO 食物平衡表数据，从动植物食物消费水平到膳食热量水平，系统分析丝路不同共建地区以及国别等尺度 1995～2018 年食物消费变化特征与其地域格局，揭示丝路共建国家的食物消费水平与膳食热量水平的时空格局，为进一步开展丝路共建国家土地资源承载力评价提供科学依据与量化支持。

**1. 食物消费水平与地域特征**

丝路共建国家食物消费以谷物、奶类和蔬菜为主，除薯类消费量有所下降外，其余各类食物消费均有不同程度增长。现阶段，蔬菜、谷物、海洋产品、淡水产品人均消费均高于全球一般水平，约为全球水平的 1.1 倍，需求相对旺盛。同期，液体饮料、薯类、糖料、肉类和奶类消费量均低于全球一般水平，介于全球一般水平的 60%～85%，消费水平相对较低。

分地区来看，不同地区食物消费呈现不同特征，中亚地区对奶类的需求量较高，中东欧地区对液体饮料和动物脂肪的需求量较高，中国的蔬菜、蛋类和淡水产品的消费量较高，蒙俄地区则对薯类、肉类、糖料、植物油脂、内脏和固体饮料的依赖程度高，南亚地区在豆类和香料消费量上明显高于其他地区，东南亚地区的海洋产品和油料需求较大，西亚及中东地区的谷物、水果、坚果人均消费量较高。

就国别而言，丝路共建国家各类食物消费量差异较大，中东欧地区多数国家谷物消费量较低且呈下降态势，薯类及其他植物性食物消费量较高，肉类、蛋类和奶类等动物性食物消费量也较高。东南亚地区多数国家谷物消费量较高且呈增长态势，薯类消费量呈下降态势，糖料消费量较高，蔬菜消费量较低，水果、植物油脂消费增长明显。肉类、蛋类和奶类消费量均较低，但蛋类和奶类增长明显。南亚地区多数国家植物性食物消费特征与东南亚地区一致，动物性食物中肉类和蛋类消费水平较低，奶类增长明显。中亚地区多数国家水果消费量改善明显，奶类消费量较高。西亚及中东地区多数国家薯类消费量较低，水果消费量较高，奶类消费量明显增加，海洋产品消费量较低。

**2. 膳食热量水平与来源结构**

现阶段，丝路共建地区人均膳食热量水平达到 2881kcal/（人·d），略低于全球一般水平，约为全球水平的 98%。1995～2018 年，丝路共建地区热量增加量和增幅均高于全球一般水平，膳食消费营养水平改善程度优于全球一般水平。在热量来源结构上，植物性食物是丝路共建地区主要热量来源，但供应比例逐渐下降。与全球相比，丝路共建地区谷物热量供给比下降更为明显，膳食消费对高热量的淀粉类食物依赖度下降，膳食营养质量整体改善程度优于全球。

分地区来看，现阶段中东欧地区、中蒙俄地区以及西亚及中东地区人均膳食热量水平较高，介于 3150～3350kcal/（人·d），中亚地区、东南亚地区和南亚地区人均膳食热量水平相对较低，介于 2520～2880kcal/（人·d）。1995～2018 年，东南亚地区和中蒙俄地区膳食热量水平改善程度高于丝路共建地区平均水平，西亚及中东地区膳食热量水平整体上改善不明显。在热量来源结构上，现阶段南亚地区、西亚及中东地区和东南亚地区植物性食物热量供给比约为 88%，食物消费倾向于植物性食物为主。中亚地区和中国植物性食物热量供给比约为 77%，食物消费处于从植物性食物向动物性食物转型阶段。蒙俄地区、中东欧地区动物性食物热量供给比较高，约在 26%水平，食物消费倾向于动物性食物为主。

　　就国别而言，丝路各共建国膳食热量水平差异显著，近 9 成国家膳食热量水平有所改善。2018 年，土耳其、罗马尼亚、波兰、以色列、黑山等国膳食热量高于 3500kcal/（人·d），水平较高。阿富汗、塔吉克斯坦、也门、马尔代夫、东帝汶 5 国膳食热量均不足 2300kcal/（人·d），相对较低。在热量来源结构上，仅 6 个国家植物食物供给比低于 70%，包括克罗地亚、拉脱维亚、匈牙利、爱沙尼亚、黑山、蒙古国，食物消费倾向于动物性食物为主模式。约 30%国家植物性食物供给比高于 85%，孟加拉国、也门、印度尼西亚等 10 国植物性食物热量供给比均超过 90%，呈现出典型的植物性食物为主的膳食消费模式。

# 第6章 基于人粮平衡的丝路共建国家和地区耕地资源承载力

基于耕地与粮食的土地资源承载力研究，可以直观地反映人粮关系状态，是土地资源承载力研究的重要内容。本章基于 FAO 生产数据库数据，以谷物表征粮食，从人粮关系出发，采用基于人粮平衡的耕地资源承载力、承载密度与耕地承载指数模型，系统评价丝路共建全域、分地区及国别尺度的耕地资源承载力，定量揭示丝路共建全域及其不同共建地区、不同国家的耕地资源承载力及其地域差异。

# 6.1　技术方法

### 1. 耕地资源承载力

耕地资源承载力（land carrying capacity，LCC）是指在自然生态环境不受危害并维系良好的生态系统前提下，一定地域空间的土地资源所能承载的人口规模。本章基于人粮平衡的耕地资源承载力计算公式如式（6-1）：

$$CLCC = C / C_{pc} \tag{6-1}$$

式中，CLCC 为基于人粮平衡的耕地资源承载力，人；$C$ 表示耕地资源生产力，用谷物产量表征，kg；$C_{pc}$ 为人均谷物消费标准，研究以近五年全球平均消费水平作为需求标准，即 $C_{pc}$ 取 380kg/（人·a）。

### 2. 耕地资源承载密度

耕地资源承载密度（land carrying density，LCD）表示单位耕地面积上产出的粮食所能承载的人口数量，用耕地资源承载力与土地面积之比来表征。公式如式（6-2）：

$$CLCD = CLCC / CA \tag{6-2}$$

式中，CLCD 表示耕地资源承载密度，人/km²；CA 为耕地面积，km²。

### 3. 耕地资源承载指数

耕地资源承载指数（land carrying capacity index，LCCI）是指区域现实人口规模与耕地资源承载力之比，反映区域耕地与人口之间的关系。公式如式（6-3）：

$$CLCCI = P_a / CLCC \tag{6-3}$$

式中，CLCCI 表示基于人粮平衡的耕地资源承载指数；$P_a$ 表示现实人口，人；CLCC 表示基于人粮平衡的耕地资源承载力，人。

根据耕地资源承载指数的大小，研究将共建国家耕地资源承载力划分为耕地盈余、人粮平衡与耕地超载三种类型，并进一步根据承载指数大小划分为富富有余、盈余、平衡有余、临界超载、超载和严重超载 6 个类型（表 6-1）。

表 6-1 基于人粮平衡的耕地资源承载力分级标准

| 承载状态 | 类型 | 耕地承载指数 |
|---|---|---|
| 耕地盈余 | 富富有余 | ≤0.5 |
| | 盈余 | 0.5～0.75 |
| 人粮平衡 | 平衡有余 | 0.75～1.0 |
| | 临界超载 | 1.0～1.5 |
| 耕地超载 | 超载 | 1.5～10.0 |
| | 严重超载 | ≥10.0 |

## 6.2　全域水平

**1. 丝路共建地区耕地资源承载力在 45 亿人水平，耕地资源承载密度约为 655 人/km²**

基于人粮关系的耕地资源承载力研究表明，以 380kg/a 的全球人均粮食消费计算，1995～2018 年，丝路共建地区耕地资源承载力呈波动增加态势，从 29.20 亿人增加到 45.30 亿人。近 25 年间增加了 16.10 亿人，2018 年较 1995 年增加了 55.14%。从承载密度来看，丝路共建地区耕地资源承载密度整体处于较低水平，但呈增长态势。1995～2018 年耕地资源承载密度介于 400～660 人/km²，均值为 512.04 人/km²，到 2018 年耕地资源承载密度为 655.20 人/km²（图 6-1）。

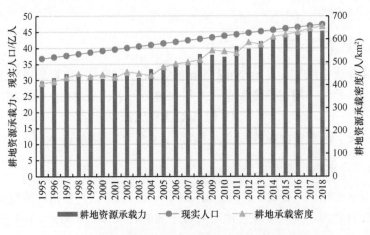

图 6-1　1995～2018 年丝路共建地区耕地资源承载力

**2. 丝路共建地区人粮关系处于临界超载状态，粮食生产与粮食需求存在一定差距**

1995～2018 年，丝路人口从 36.70 亿人增至 46.39 亿人，同期粮食产量增长较快，耕地资源承载指数逐渐由 1995 年的 1.24 波动下降至 2018 年的 1.05，人粮关系向好发展，当前处于临界超载状态的紧平衡状态（图 6-2）。

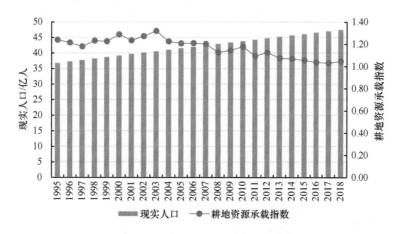

图 6-2　1995～2018 年丝路共建地区耕地资源承载指数

## 6.3　分区尺度

**1. 东南亚地区耕地资源承载力相对较强，西亚及中东地区、中亚地区耕地资源承载力普遍较低**

丝路气候条件和耕地资源禀赋差异较大，不同地区耕地资源承载能力差异显著。以丝路 2018 年耕地资源承载密度（655.20 人/km²）为依据，上下浮动 25%并取整作为中等阈值，丝路不同共建地区的耕地资源承载密度分为较强（>800 人/km²）、中等（500～800 人/km²）、较弱（<500 人/km²）三种类型。

（1）东南亚地区耕地资源承载力相对较强。东南亚地区耕地资源承载力密度最高，2018 年达到 909.08 人/km²，1995 以来耕地资源承载密度增加了 247.85 人/km²。增量基本与丝路耕地资源承载密度增量持平，居各地区第三位，耕地资源承载力得到了有效改善（表 6-2，图 6-3）。

（2）中蒙俄地区、中东欧地区、南亚地区耕地资源承载力居中。2018 年中蒙俄地区耕地资源承载密度为 782.52 人/km²，高于全域平均水平。1995 以来，耕地资源承载密度增加了 275.83 人/km²，增量高于丝路全域耕地资源承载密度增量，居各区域之首，耕地资源承载密度明显增强。中东欧地区耕地资源承载密度较高，为 638.49 人/km²，1995 年以来，中东欧地区耕地资源承载密度增加了 254.13 人/km²，增量略高于丝路共建地区平均水平，居各区域第二位，耕地资源承载力明显改善。南亚地区耕地资源承载密度为 564.01 人/km²，1995 年以来，增加了 222.37 人/km²，增量略低于丝路全域平均水平。

表 6-2　基于人粮平衡的丝路不同共建地区耕地资源承载密度变化

| 区域 | 1995 年 | | | 2018 年 | | |
|---|---|---|---|---|---|---|
| | 耕地面积/万 km² | 承载密度/（人/km²） | 粮食产量/百万 t | 耕地面积/万 km² | 承载密度/（人/km²） | 粮食产量/百万 t |
| 中亚地区 | 43.03 | 92.43 | 15.11 | 37.70 | 212.30 | 30.40 |
| 中东欧地区 | 89.74 | 384.36 | 131.08 | 80.73 | 638.49 | 196.00 |
| 中蒙俄地区 | 248.40 | 506.69 | 478.27 | 241.86 | 782.52 | 719.18 |
| 南亚地区 | 212.38 | 341.64 | 275.72 | 206.58 | 564.01 | 443.00 |
| 东南亚地区 | 59.97 | 661.23 | 150.68 | 73.14 | 909.08 | 253.00 |
| 西亚及中东地区 | 63.66 | 313.56 | 75.85 | 56.28 | 384.31 | 82.20 |
| 丝路共建地区 | 717.18 | 405.80 | 1126.72 | 696.30 | 655.20 | 1723.60 |

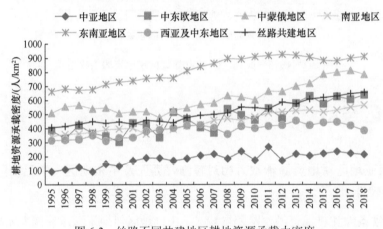

图 6-3　丝路不同共建地区耕地资源承载力密度

（3）西亚及中东地区和中亚地区耕地资源承载力普遍较低。西亚及中东地区耕地资源密度为 384.31 人/km²，1995 年以来增加了 70.75 人/km²，不足丝路共建地区耕地资源承载密度增量 1/3，在各区域中最低，耕地资源承载力改善程度相对较低。2018 年中亚地区耕地资源承载密度为 212.30 人/km²，1995 年以来增加了 119.87 人/km²，增量不足丝路共建地区耕地资源承载密度增量的 1/2。

**2. 中东欧地区耕地资源承载力富富有余，南亚地区和西亚及中东地区耕地资源承载力超载**

基于耕地承载指数的丝路不同共建地区耕地资源承载力研究表明，中东欧地区耕地资源承载力富富有余，中蒙俄地区、中亚地区、东南亚地区耕地资源承载力盈余，南亚地区耕地资源承载力临界超载，西亚及中东耕地资源承载力超载（表 6-2）。

（1）中东欧地区耕地资源承载指数小于 0.5，耕地资源承载力富富有余，粮食产出远高于区域现实人口的粮食需求。中东欧地区耕地面积广阔，粮食单产水平高，2018 年耕地资源承载指数为 0.34，耕地资源承载力处于盈余状态。1995～2018 年，耕地资源承载指数介于 0.34～0.70，耕地资源承载力处于富富有余和盈余之间，人粮关系处于盈余（表 6-3，图 6-4）。

表 6-3 基于人粮平衡的丝路不同共建地区耕地承载指数

| 区域 | 1995 年 | | | 2018 年 | | |
|---|---|---|---|---|---|---|
| | 承载指数 | 承载人口/百万人 | 现实人口/百万人 | 承载指数 | 承载人口/百万人 | 现实人口/百万人 |
| 中亚地区 | 1.34 | 39.80 | 53.17 | 0.90 | 80.00 | 72.05 |
| 中东欧地区 | 0.55 | 345.00 | 189.43 | 0.34 | 515.00 | 175.18 |
| 中蒙俄地区 | 1.11 | 1258.63 | 1391.45 | 0.83 | 189.26 | 1876.55 |
| 南亚地区 | 1.74 | 726.00 | 1264.70 | 1.56 | 1170.00 | 1816.90 |
| 东南亚地区 | 1.22 | 397.00 | 482.13 | 0.98 | 665.00 | 649.54 |
| 西亚及中东地区 | 1.45 | 200.00 | 289.03 | 2.07 | 216.00 | 448.50 |
| 丝路共建地区 | 1.24 | 2971.80 | 3669.90 | 1.05 | 4536.00 | 4738.72 |

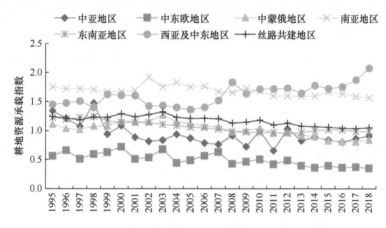

图 6-4 基于人粮平衡的丝路不同共建地区耕地资源承载指数

（2）中蒙俄地区、中亚地区、东南亚地区耕地资源承载指数介于 0.75～1.0，耕地资源承载力平衡有余，粮食产出高于区域现实人口的粮食需求。

中蒙俄地区粮食生产总量较高，2018 年该地区耕地资源承载指数为 0.83，处于平衡有余状态。1995～2018 年，耕地资源承载指数介于 0.32～1.26，波动较大，2011 年以来多处于平衡有余或粮食盈余状态。

中亚地区素有"粮仓"之称，粮食产量较大，且人口较少，2018 年耕地资源承载指数为 0.90，耕地资源处于平衡有余状态。1995～2018 年，中亚地区耕地资源承载指数介于 0.64～1.47，变动较大。1995～1996 年、1998 年等年份人粮关系处于超载状态，其余年份则处于人粮平衡或耕地盈余状态。

东南亚地区水热条件较好，粮食产量也相对较高，但近年来人口增长较快，2018 年耕地资源承载指数为 0.98，耕地资源处于平衡有余状态。1995～2018 年，东南亚地区耕地资源承载指数介于 0.95～1.24，除 1998 年耕地资源处于超载状态外，其余年份人粮关系处于人粮平衡或耕地盈余状态。

（3）南亚地区和西亚及中东地区耕地资源承载指数超过1.5，耕地资源承载力超载，粮食产出低于区域现实人口的粮食需求。

南亚地区人口众多，2018年达到18亿。2018年南亚地区耕地资源承载指数为1.56，耕地资源处于超载状态。1995~2018年，南亚地区耕地资源承载指数介于1.56~1.91，整体上呈波动下降态势，在380kg的年人均粮食消费标准下，人粮关系比较紧张。

西亚及中东地区气候干旱，耕地面积有限，粮食总产量较低，2018年耕地资源承载指数为2.07，耕地资源处于超载状态。1995~2018年，耕地资源承载指数介于1.36~2.07，耕地资源多处于超载状态，近年来人粮关系有趋紧发展态势。

## 6.4　国别格局

丝路各共建国家气候条件和耕地面积差异较大，不同国家耕地资源承载能力差异显著。以丝路共建地区2018年耕地资源承载密度（655.20人/km²）为依据，上下浮动25%并取整作为中等阈值，63个有粮食产量数据共建国家的耕地资源承载密度分为较强（>800人/km²）、中等（500~800人/km²）、较弱（<500人/km²）三种类型。其中，有20个国家耕地资源承载密度高于全域平均水平，43个国家耕地资源承载密度低于全域平均水平。

**1. 丝路分国别耕地资源承载力相对较弱，近7成共建国家低于全区平均水平**

2018年有20个共建国家耕地承载密度高于全域平均水平，43个国家耕地承载密度低于全域平均水平，分国别耕地资源承载力较弱。

（1）耕地资源承载力较强的共建国家有15个，2018年，耕地资源承载密度在805~1992人/km²，远高于全域平均水平。其中，孟加拉国地处恒河与布拉玛普特拉河冲积而成的三角洲上，属亚热带季风气候，水热条件配合好，水稻和小麦产量较高，耕地资源承载密度最高，为1991.27人/km²，居丝路共建国家之首。越南、埃及、中国3国，或气候条件雨热同期，或灌溉条件较好，粮食产量较高，耕地资源承载密度在1347~1852人/km²，是丝路共建地区平均水平的两倍。菲律宾、尼泊尔、塞尔维亚、克罗地亚4国或水热条件好，或耕地面积广阔，或单产水平高，耕地资源承载密度在1061~1264人/km²，约1.5倍于全域平均水平。罗马尼亚、匈牙利、印度尼西亚等国的粮食产量也较高，耕地资源承载密度基本在1.25~1.5倍于丝路共建地区平均水平（表6-4）。

从变化情况看，1995~2018年，15个耕地资源承载力较强国家中，14个国家耕地资源承载密度在增加，其中，孟加拉国增长最为明显，耕地资源承载密度增量在1123.76人/km²，越南、柬埔寨、尼泊尔粮食产量也有大幅度增加，耕地资源承载密度增量在550~600人/km²。值得注意的是，斯里兰卡耕地资源承载密度有所下降，耕地资源承载力也在下降。

表 6-4　耕地资源承载力较强国家耕地承载密度统计

| 区域 | 国家 | 1995 年 | | 2018 年 | |
|---|---|---|---|---|---|
| | | 承载密度/（人/km²） | 耕地面积/km² | 承载密度/（人/km²） | 耕地面积/km² |
| 南亚地区 | 孟加拉国 | 867.51 | 84040 | 1991.27 | 77723 |
| 东南亚地区 | 越南 | 1273.22 | 54030 | 1851.91 | 69521 |
| 西亚及中东地区 | 埃及 | 1503.77 | 28170 | 1587.77 | 29110 |
| 中国地区 | 中国 | 915.74 | 1195800 | 1347.86 | 1188810 |
| 东南亚地区 | 菲律宾 | 730.63 | 52850 | 1263.47 | 55900 |
| 南亚地区 | 尼泊尔 | 684.33 | 23372 | 1244.01 | 21137 |
| 中东欧地区 | 塞尔维亚 | 694.74 | 34994 | 1074.85 | 25830 |
| 中东欧地区 | 克罗地亚 | 651.30 | 11170 | 1061.64 | 8040 |
| 中东欧地区 | 罗马尼亚 | 560.39 | 93370 | 955.95 | 86860 |
| 中东欧地区 | 匈牙利 | 618.69 | 48060 | 905.93 | 43240 |
| 东南亚地区 | 印度尼西亚 | 879.98 | 173420 | 895.08 | 263000 |
| 中东欧地区 | 斯洛文尼亚 | 686.01 | 1960 | 864.33 | 1818 |
| 东南亚地区 | 马来西亚 | 633.88 | 9010 | 862.78 | 8260 |
| 东南亚地区 | 柬埔寨 | 249.13 | 37000 | 823.15 | 38760 |
| 南亚地区 | 斯里兰卡 | 846.53 | 8860 | 805.84 | 13716 |

（2）丝路共建地区耕地资源承载力中等的共建国家有 10 个，耕地资源承载密度在 535～785 人/km²，接近全域平均水平。

斯洛伐克、老挝、保加利亚、捷克、缅甸 5 国耕地资源承载密度在 712～785 人/km²，高于全域平均水平，属于中等偏上水平。波兰、泰国、乌克兰、印度、摩尔多瓦 5 国耕地资源承载密度介于 535～629 人/km²，属于中等偏下水平。从变化情况来看，1995～2018 年，耕地资源承载密度属于中等水平的 11 个国家耕地资源承载能力均在改善，增量介于 147～335 人/km²，以保加利亚、老挝、乌克兰增量最大，超 300 人/km² 水平（表 6-5）。

表 6-5　耕地资源承载力中等国家耕地承载密度统计

| 区域 | 国家 | 1995 年 | | 2018 年 | |
|---|---|---|---|---|---|
| | | 承载密度/（人/km²） | 耕地面积/km² | 承载密度/（人/km²） | 耕地面积/km² |
| 中东欧地区 | 斯洛伐克 | 589.95 | 15570 | 784.82 | 13480 |
| 东南亚地区 | 老挝 | 466.63 | 8280 | 775.28 | 15500 |
| 中东欧地区 | 保加利亚 | 430.70 | 39980 | 764.95 | 34780 |
| 中东欧地区 | 捷克 | 527.73 | 33010 | 738.51 | 24840 |
| 东南亚地区 | 缅甸 | 501.38 | 95400 | 712.99 | 110803 |
| 中东欧地区 | 波兰 | 479.75 | 142100 | 628.23 | 110090 |
| 东南亚地区 | 泰国 | 412.78 | 168390 | 593.20 | 168100 |
| 中东欧地区 | 乌克兰 | 255.84 | 332860 | 552.98 | 328890 |
| 南亚地区 | 印度 | 341.34 | 1619110 | 541.34 | 1563170 |
| 中东欧地区 | 摩尔多瓦 | 387.51 | 17730 | 535.35 | 16817 |

（3）丝路共建地区耕地资源承载力较弱的共建国家有 38 个，耕地资源承载密度在 14～498 人/km²，低于全域平均水平。

其中，马尔代夫、卡塔尔、阿联酋、也门、蒙古国、沙特阿拉伯、叙利亚 7 个国家粮食生产条件限制性因素较多，或耕地面积较少，或气候干旱，耕地资源承载密度较低，均不足 100 人/km²，远低于丝路共建地区平均水平。文莱、以色列、约旦、伊拉克、阿富汗、巴勒斯坦、土库曼斯坦、哈萨克斯坦、亚美尼亚 9 国粮食生产的耕地资源或气候条件限制也较为突出，耕地资源承载密度介于 100~200 人/km²，也处于较低水平。从变化来看，1995~2018 年，27 个国家耕地资源承载密度在增长，以塔吉克斯坦、立陶宛、科威特、阿塞拜疆、波黑、拉脱维亚、乌兹别克斯坦、黑山 8 国增量较大，介于 100~200 人/km²。同期，11 个国家耕地资源承载密度在下降，以叙利亚、以色列、沙特阿拉伯等国家下降最大，超过 100 人/km²（表 6-6）。

表 6-6 耕地资源承载力较弱国家耕地承载密度统计

| 区域 | 国家 | 1995 年 | | 2018 年 | |
|---|---|---|---|---|---|
| | | 承载密度/（人/km²） | 耕地面积/km² | 承载密度/（人/km²） | 耕地面积/km² |
| 中东欧地区 | 立陶宛 | 175.84 | 28660 | 497.64 | 21150 |
| 西亚及中东地区 | 土耳其 | 300.67 | 246540 | 458.93 | 197230 |
| 中亚地区 | 塔吉克斯坦 | 75.56 | 8440 | 457.04 | 7018 |
| 中东欧地区 | 波黑 | 207.85 | 8500 | 445.95 | 10290 |
| 中东欧地区 | 拉脱维亚 | 180.96 | 10020 | 418.07 | 12950 |
| 中亚地区 | 乌兹别克斯坦 | 198.92 | 44750 | 404.98 | 40198 |
| 西亚及中东地区 | 阿塞拜疆 | 138.66 | 17263 | 399.12 | 20979 |
| 中东欧地区 | 北马其顿 | 314.80 | 6060 | 376.71 | 4180 |
| 南亚地区 | 巴基斯坦 | 216.30 | 304600 | 373.16 | 305070 |
| 西亚及中东地区 | 科威特 | 103.21 | 50 | 368.95 | 80 |
| 中亚地区 | 吉尔吉斯斯坦 | 190.59 | 12580 | 364.22 | 12880 |
| 南亚地区 | 不丹 | 269.53 | 1460 | 351.89 | 940 |
| 中东欧地区 | 爱沙尼亚 | 154.60 | 8740 | 351.83 | 6880 |
| 西亚及中东地区 | 伊朗 | 260.18 | 173880 | 336.37 | 155810 |
| 西亚及中东地区 | 黎巴嫩 | 146.76 | 1800 | 327.22 | 1320 |
| 西亚及中东地区 | 格鲁吉亚 | 171.16 | 7710 | 314.15 | 3110 |
| 中东欧地区 | 阿尔巴尼亚 | 294.35 | 5770 | 291.93 | 6113 |
| 中东欧地区 | 白俄罗斯 | 225.05 | 62320 | 267.85 | 57120 |
| 东南亚地区 | 东帝汶 | 303.11 | 1300 | 246.26 | 1550 |
| 中蒙俄地区 | 俄罗斯 | 127.76 | 1275000 | 237.60 | 1216490 |
| 西亚及中东地区 | 阿曼 | 309.67 | 280 | 222.25 | 767 |
| 中东欧地区 | 黑山 | 7.72 | 2316 | 208.81 | 92 |
| 西亚及中东地区 | 亚美尼亚 | 150.15 | 4350 | 197.45 | 4456 |
| 中亚地区 | 哈萨克斯坦 | 71.83 | 347165 | 177.25 | 297484 |
| 中亚地区 | 土库曼斯坦 | 166.67 | 17400 | 161.19 | 19400 |
| 西亚及中东地区 | 巴勒斯坦 | 155.94 | 1110 | 151.59 | 870 |
| 南亚地区 | 阿富汗 | 111.49 | 76530 | 139.58 | 77940 |
| 西亚及中东地区 | 伊拉克 | 139.26 | 48000 | 137.65 | 50000 |
| 西亚及中东地区 | 约旦 | 103.20 | 2520 | 111.01 | 2010 |
| 西亚及中东地区 | 以色列 | 235.99 | 3450 | 103.39 | 3835 |
| 东南亚地区 | 文莱 | 66.84 | 20 | 103.22 | 40 |
| 西亚及中东地区 | 叙利亚 | 334.18 | 47990 | 98.04 | 46620 |
| 西亚及中东地区 | 沙特阿拉伯 | 192.16 | 36550 | 91.75 | 34410 |
| 中蒙俄地区 | 蒙古国 | 52.34 | 13210 | 89.98 | 13274 |
| 西亚及中东地区 | 也门 | 130.56 | 16330 | 77.72 | 11670 |
| 西亚及中东地区 | 阿联酋 | 30.43 | 430 | 50.83 | 423 |
| 西亚及中东地区 | 卡塔尔 | 86.15 | 130 | 43.38 | 140 |
| 南亚地区 | 马尔代夫 | 0.96 | 30 | 14.64 | 39 |

**2. 丝路共建地区分国别耕地资源承载力以超载为主，约半数国家处于超载状态**

基于耕地承载指数的国别尺度耕地资源承载力评价表明，丝路共建国家耕地资源承载力以超载为主，32 个国家耕地资源承载力超载，其中严重超载过国家以西亚及中东地区国家和岛屿国家为主，24 个耕地资源承载力盈余国家以中东欧地区和东南亚地区国家为主。

（1）耕地资源承载力盈余的共建国家有 22 个，主要为中东欧地区和东南亚地区国家，其中，富富有余国家有 10 个，盈余国家有 12 个。

2018 年耕地资源盈余共建国家有 10 个，耕地资源承载指数介于 0.23～0.5，粮食产出可以满足域内人口需求，且有充裕盈余。主要包括罗马尼亚、乌克兰、匈牙利、保加利亚、立陶宛等 10 国，耕地资源承载力处于富富有余状态，存在较丰富的粮食盈余。从变化情况看，1995～2018 年，除塞尔维亚外，其余 9 个国家耕地资源承载指数有所下降，人粮关系总体向好发展，以拉脱维亚、立陶宛、乌克兰、哈萨克斯坦、保加利亚下降较多。从承载状态变化看，拉脱维亚从临界超载转入富富有余状态，立陶宛、乌克兰、哈萨克斯坦、摩尔多瓦和克罗地亚 5 国从盈余状态转入富富有余状态（表 6-7）。

表 6-7　耕地资源承载力富富有余国家耕地承载指数

| 区域 | 国家 | 1995 年 | | | 2018 年 | | |
|---|---|---|---|---|---|---|---|
| | | 承载力/百万人 | 承载指数 | 承载状态 | 承载力/百万人 | 承载指数 | 承载状态 |
| 中东欧地区 | 罗马尼亚 | 52.32 | 0.44 | 富富有余 | 83.03 | 0.23 | 富富有余 |
| 中东欧地区 | 乌克兰 | 85.16 | 0.60 | 盈余 | 181.87 | 0.24 | 富富有余 |
| 中东欧地区 | 匈牙利 | 29.73 | 0.35 | 富富有余 | 39.17 | 0.25 | 富富有余 |
| 中东欧地区 | 保加利亚 | 17.22 | 0.49 | 富富有余 | 26.60 | 0.27 | 富富有余 |
| 中东欧地区 | 立陶宛 | 5.04 | 0.72 | 盈余 | 10.53 | 0.27 | 富富有余 |
| 中东欧地区 | 塞尔维亚 | 24.31 | 0.31 | 富富有余 | 27.76 | 0.32 | 富富有余 |
| 中亚地区 | 哈萨克斯坦 | 24.94 | 0.64 | 盈余 | 52.73 | 0.35 | 富富有余 |
| 中东欧地区 | 拉脱维亚 | 1.81 | 1.38 | 临界超载 | 5.41 | 0.36 | 富富有余 |
| 中东欧地区 | 摩尔多瓦 | 6.87 | 0.63 | 盈余 | 9.00 | 0.45 | 富富有余 |
| 中东欧地区 | 克罗地亚 | 7.28 | 0.63 | 盈余 | 8.54 | 0.49 | 富富有余 |

2018 年耕地资源承载力盈余共建国家有 12 个，耕地资源承载指数介于 0.5～0.75，粮食产出可以满足人口需求，且有部分盈余。主要包括俄罗斯、柬埔寨、斯洛伐克、爱沙尼亚和波兰等 12 国，耕地资源承载力处于盈余状态，存在一定的粮食盈余，人粮关系较好。从变化情况看，1995～2018 年，12 个国家耕地资源承载指数均有所下降，人粮关系总体向好发展，以波黑、老挝、柬埔寨和爱沙尼亚下降较多。从承载状态变化看，波黑从超载转入盈余状态，老挝、柬埔寨、爱沙尼亚、越南 4 国从临界超载状态转入盈余状态（表 6-8）。

（2）耕地资源承载力平衡共建国家有 9 个，耕地资源承载力处于平衡有余或临界超载状态。

2018 年中国和土耳其耕地资源承载力平衡有余，粮食产出可以满足人口需求，且有部分盈余。从变化情况看，1995～2018 年，中国耕地资源承载指数有所下降，人粮关系总体向好发展，土耳其耕地资源承载指数有所上升，人粮关系由耕地临界超载转为平衡有余（表6-9）。

表6-8　耕地资源承载力盈余国家耕地承载指数

| 区域 | 国家 | 1995年 | | | 2018年 | | |
|------|------|--------|--------|--------|--------|--------|--------|
| | | 承载力/百万人 | 承载指数 | 承载状态 | 承载力/百万人 | 承载指数 | 承载状态 |
| 中蒙俄地区 | 俄罗斯 | 162.90 | 0.91 | 平衡有余 | 289.03 | 0.50 | 盈余 |
| 东南亚地区 | 柬埔寨 | 9.22 | 1.16 | 临界超载 | 31.91 | 0.51 | 盈余 |
| 中东欧地区 | 斯洛伐克 | 9.19 | 0.59 | 盈余 | 10.58 | 0.52 | 盈余 |
| 中东欧地区 | 爱沙尼亚 | 1.35 | 1.06 | 临界超载 | 2.42 | 0.55 | 盈余 |
| 中东欧地区 | 波兰 | 68.17 | 0.56 | 盈余 | 69.16 | 0.55 | 盈余 |
| 中东欧地区 | 捷克 | 17.42 | 0.59 | 盈余 | 18.34 | 0.58 | 盈余 |
| 东南亚地区 | 老挝 | 3.86 | 1.25 | 临界超载 | 12.02 | 0.59 | 盈余 |
| 中东欧地区 | 白俄罗斯 | 14.03 | 0.72 | 盈余 | 15.30 | 0.62 | 盈余 |
| 东南亚地区 | 缅甸 | 47.83 | 0.92 | 平衡有余 | 79.00 | 0.68 | 盈余 |
| 东南亚地区 | 泰国 | 69.51 | 0.86 | 盈余 | 99.72 | 0.70 | 盈余 |
| 中东欧地区 | 波黑 | 1.77 | 2.17 | 超载 | 4.59 | 0.72 | 盈余 |
| 东南亚地区 | 越南 | 68.79 | 1.09 | 临界超载 | 128.75 | 0.74 | 盈余 |

表6-9　耕地资源承载力平衡有余国家耕地承载指数

| 区域 | 国家 | 1995年 | | | 2018年 | | |
|------|------|--------|--------|--------|--------|--------|--------|
| | | 承载力/百万人 | 承载指数 | 承载状态 | 承载力/百万人 | 承载指数 | 承载状态 |
| 中蒙俄地区 | 中国 | 1095.04 | 1.13 | 临界超载 | 1602.35 | 0.89 | 平衡有余 |
| 西亚及中东地区 | 土耳其 | 74.13 | 0.79 | 临界超载 | 90.51 | 0.91 | 平衡有余 |

2018年7个共建国家耕地资源承载力临界超载，主要包括孟加拉国、尼泊尔、印度尼西亚、阿塞拜疆和斯洛文尼亚等国，耕地资源承载指数介于1.0～1.5，粮食生产不足以满足人口需求，人粮关系相对紧张。从变化情况看，1995～2018年，除北马其顿外，其余国家耕地资源承载指数有所下降，人粮关系总体向好发展，以阿塞拜疆、吉尔吉斯斯坦、孟加拉国下降较多。从承载状态变化看，阿塞拜疆从超载转入临界超载状态，其余国家在1995年均也为临界超载状态（表6-10）。

表6-10　耕地资源承载力临界超载国家耕地承载指数

| 区域 | 国家 | 1995年 | | | 2018年 | | |
|------|------|--------|--------|--------|--------|--------|--------|
| | | 承载力/百万人 | 承载指数 | 承载状态 | 承载力/百万人 | 承载指数 | 承载状态 |
| 南亚地区 | 孟加拉国 | 72.91 | 1.58 | 超载 | 154.77 | 1.04 | 临界超载 |
| 南亚地区 | 尼泊尔 | 15.99 | 1.35 | 临界超载 | 26.29 | 1.07 | 临界超载 |
| 东南亚地区 | 印度尼西亚 | 152.61 | 1.29 | 临界超载 | 235.41 | 1.14 | 临界超载 |
| 西亚及中东地区 | 阿塞拜疆 | 2.39 | 3.25 | 超载 | 8.37 | 1.19 | 临界超载 |
| 中东欧地区 | 斯洛文尼亚 | 1.34 | 1.48 | 临界超载 | 1.57 | 1.32 | 临界超载 |
| 中东欧地区 | 北马其顿 | 1.91 | 1.04 | 临界超载 | 1.57 | 1.32 | 临界超载 |
| 中亚地区 | 吉尔吉斯斯坦 | 2.40 | 1.90 | 超载 | 4.69 | 1.34 | 临界超载 |

（3）耕地资源承载力超载共建国家有 32 个，其中严重超载国家多分布在西亚和中东地区。

2018 年 19 个共建国家耕地资源承载力超载，主要包括菲律宾、伊朗、印度等国，耕地资源承载指数介于 1.5～10.0，耕地资源承载力处于超载状态，粮食产量难以满足人口需求，人粮关系紧张。从变化情况看，1995～2018 年，菲律宾、印度、阿尔巴尼亚等 9 个国家耕地资源承载指数有所下降，其余 10 个国家耕地资源承载指数有所上升，多数国家人粮关系趋于紧张，以叙利亚、伊拉克、阿富汗和东帝汶上升较多。从承载状态变化看，伊朗、土库曼斯坦、不丹、埃及从临界超载转入超载状态，叙利亚从平衡有余转入超载状态，其余国家在 1995 年均也为超载状态（表 6-11）。

表 6-11　耕地资源承载力超载国家耕地承载指数

| 区域 | 国家 | 1995 年 | | | 2018 年 | | |
|---|---|---|---|---|---|---|---|
| | | 承载力/百万人 | 承载指数 | 承载状态 | 承载力/百万人 | 承载指数 | 承载状态 |
| 东南亚地区 | 菲律宾 | 38.61 | 1.81 | 超载 | 70.63 | 1.51 | 超载 |
| 西亚及中东地区 | 伊朗 | 45.24 | 1.36 | 临界超载 | 52.41 | 1.56 | 超载 |
| 南亚地区 | 印度 | 552.66 | 1.74 | 超载 | 846.20 | 1.60 | 超载 |
| 中东欧地区 | 阿尔巴尼亚 | 1.70 | 1.83 | 超载 | 1.78 | 1.62 | 超载 |
| 南亚地区 | 巴基斯坦 | 65.89 | 1.88 | 超载 | 113.84 | 1.86 | 超载 |
| 中亚地区 | 土库曼斯坦 | 2.90 | 1.45 | 临界超载 | 3.13 | 1.87 | 超载 |
| 南亚地区 | 斯里兰卡 | 7.50 | 2.43 | 超载 | 11.05 | 1.92 | 超载 |
| 中亚地区 | 乌兹别克斯坦 | 8.90 | 2.56 | 超载 | 16.28 | 1.99 | 超载 |
| 西亚及中东地区 | 埃及 | 42.36 | 1.47 | 临界超载 | 46.22 | 2.13 | 超载 |
| 南亚地区 | 不丹 | 0.39 | 1.36 | 临界超载 | 0.33 | 2.28 | 超载 |
| 中蒙俄地区 | 蒙古国 | 0.69 | 3.32 | 超载 | 1.19 | 2.65 | 超载 |
| 中亚地区 | 塔吉克斯坦 | 0.64 | 9.04 | 超载 | 3.21 | 2.84 | 超载 |
| 东南亚地区 | 东帝汶 | 0.39 | 2.14 | 超载 | 0.38 | 3.32 | 超载 |
| 西亚及中东地区 | 亚美尼亚 | 0.65 | 4.93 | 超载 | 0.88 | 3.35 | 超载 |
| 南亚地区 | 阿富汗 | 8.53 | 2.12 | 超载 | 10.88 | 3.42 | 超载 |
| 西亚及中东地区 | 叙利亚 | 16.04 | 0.89 | 平衡有余 | 4.57 | 3.71 | 超载 |
| 西亚及中东地区 | 格鲁吉亚 | 1.32 | 3.77 | 超载 | 0.98 | 4.10 | 超载 |
| 东南亚地区 | 马来西亚 | 5.71 | 3.59 | 超载 | 7.13 | 4.42 | 超载 |
| 西亚及中东地区 | 伊拉克 | 6.68 | 3.01 | 超载 | 6.88 | 5.58 | 超载 |

2018 年耕地资源承载力处于耕地严重超载状态的共建国家有 13 个，耕地资源承载指数差异极大，这类国家存在严重粮食短缺。主要包括马尔代夫、卡塔尔、阿联酋、科威特和文莱等 13 国，耕地资源承载力处于严重超载状态，粮食产量极为有限，难以满足人口需求，人粮关系严峻。从变化情况看，1995～2018 年，黑山、文莱、科威特和马尔代夫 4 国耕地资源承载指数有所下降外，其余 9 个国家耕地资源承载指数有所上升，多数国家人粮关系趋于紧张，以卡塔尔、阿联酋、约旦、也门和巴勒斯坦上升较多。从承载状态变化看，也门、以色列和沙特阿拉伯从超载转入严重超载状态，其余国家在 1995

年均也为超载状态（表 6-12）。

表 6-12　耕地资源承载力严重超载国家耕地承载指数

| 区域 | 国家 | 1995 年 | | | 2018 年 | | |
|---|---|---|---|---|---|---|---|
| | | 承载力/百万人 | 承载指数 | 承载状态 | 承载力/百万人 | 承载指数 | 承载状态 |
| 西亚及中东地区 | 沙特阿拉伯 | 7.02 | 2.65 | 超载 | 3.16 | 10.67 | 严重超载 |
| 西亚及中东地区 | 黎巴嫩 | 0.26 | 13.36 | 严重超载 | 0.43 | 15.88 | 严重超载 |
| 西亚及中东地区 | 以色列 | 0.81 | 6.47 | 超载 | 0.40 | 21.14 | 严重超载 |
| 西亚及中东地区 | 阿曼 | 0.09 | 25.42 | 严重超载 | 0.17 | 28.35 | 严重超载 |
| 西亚及中东地区 | 也门 | 2.13 | 6.99 | 超载 | 0.91 | 31.42 | 严重超载 |
| 中东欧地区 | 黑山 | 0.02 | 34.21 | 严重超载 | 0.02 | 32.68 | 严重超载 |
| 西亚及中东地区 | 巴勒斯坦 | 0.17 | 15.13 | 严重超载 | 0.13 | 36.87 | 严重超载 |
| 西亚及中东地区 | 约旦 | 0.26 | 17.65 | 严重超载 | 0.22 | 44.66 | 严重超载 |
| 东南亚地区 | 文莱 | 0.00 | 222.25 | 严重超载 | 0.00 | 103.89 | 严重超载 |
| 西亚及中东地区 | 科威特 | 0.01 | 311.19 | 严重超载 | 0.03 | 140.17 | 严重超载 |
| 西亚及中东地区 | 阿联酋 | 0.01 | 184.58 | 严重超载 | 0.02 | 447.95 | 严重超载 |
| 西亚及中东地区 | 卡塔尔 | 0.01 | 45.84 | 严重超载 | 0.01 | 457.99 | 严重超载 |
| 南亚 | 马尔代夫 | 0.00 | 8779.35 | 严重超载 | 0.00 | 903.06 | 严重超载 |

# 6.5　本章小结

本章从人粮关系出发，从耕地资源承载力、承载密度到耕地承载指数，系统评价了丝路不同共建地区以及国别尺度的耕地资源承载力，定量揭示丝路共建地区耕地资源承载力的时空格局。

**1. 耕地资源承载力整体水平**

丝路共建国家耕地资源承载力整体有所提升，从 29.20 亿人增长至 45.30 亿人，增加了约 16 亿人。耕地资源承载能力渐强，承载密度从 400 人/km² 增长到 660 人/km² 水平。人粮关系向好发展，承载指数从 1.24 降至 1.05，承载状态从超载转向临界超载，粮食需求略高于粮食产量。

**2. 耕地资源承载力的地区格局**

丝路各共建地区耕地资源承载能力差异显著，人粮关系呈现不同状态。现阶段，东南亚地区耕地资源承载力相对较强，承载密度介于 660～910 人/km² 水平。中蒙俄地区、中东欧地区、南亚地区耕地资源承载力居中，介于 340～790 人/km²。西亚及中东地区、中亚地区耕地资源承载力普遍较低，介于 90～390 人/km²。从耕地资源承载状态看，中东欧地区人粮关系较好，耕地资源承载力富富有余，中蒙俄地区、中亚地区、东南亚地区耕地资源承载力平衡有余，整体处于人粮平衡状态；南亚地区和西亚及中东地区人粮关系相对紧张，耕地资源承载力超载。

**3. 耕地资源承载力的国别差异**

丝路各共建国家气候条件和耕地面积差异较大，不同国家耕地资源承载能力差异显著。现阶段，耕地资源承载密度偏弱，近7成国家低于全区平均水平。其中，39个国家耕地资源承载密度低于 500 人/km²，低于丝路共建地区平均水平，7 个国家明显低于全域平均水平，以西亚及中东地区、中亚地区等内陆国家、岛屿小国为主，包括马尔代夫、卡塔尔、阿联酋、也门、蒙古国、沙特阿拉伯、叙利亚等国家。11 个国家耕地资源承载密度介于 500~800 人/km²，接近丝路共建地区平均水平，以中东欧地区和东南亚地区国家为主，包括斯洛伐克、老挝、保加利亚、捷克、缅甸等国。仅 15 个国家耕地资源承载密度在 800~2000 人/km²，主要是孟加拉国、越南、埃及、中国等气候条件好、耕地面积广、人口数量多的国家。丝路共建国家和地区人粮关系以超载为主，近半数国家耕地资源承载力超载。32 个国家耕地资源超载，超载严重的主要是岛屿国家、气候干旱国家，粮食短缺问题突出，需要依靠贸易输入等方式缓解人粮关系压力。不足半数国家人粮关系处于盈余或富富有余状态，以中东欧地区国家为主，粮食产出可以满足域内人口需求，存在一定的输出空间。

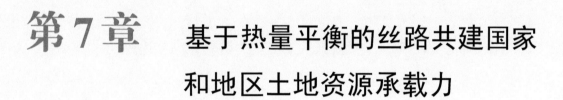

# 第7章　基于热量平衡的丝路共建国家和地区土地资源承载力

　　基于热量当量平衡的承载力研究，可以综合反映包括耕地、草地、林地等不同土地类型所生产的食物与人口需求之间的关系，可以更为详尽地反映人地关系平衡状态。本章从人地关系出发，基于当量平衡的土地资源承载力、土地资源承载密度与土地承载指数模型，依据人均热量标准，系统评价了丝路全域、分区及国别在不同尺度的土地资源承载力，定量揭示丝路共建地区的土地资源承载力及其地域差异。

# 7.1　技术方法

### 1. 土地资源承载力

　　土地资源承载力（land carrying capacity，LCC）是指在自然生态环境不受危害并维系良好的生态系统前提下，一定地域空间的土地资源所能承载的人口规模。本章基于热量平衡的土地资源承载力计算公式如式（7-1）：

$$\mathrm{ELCC} = E / E_{\mathrm{pc}} \tag{7-1}$$

式中，ELCC 表示基于当量平衡的土地资源承载力；$E$ 表示除水域土地利用类型以外的土地资源生产力，用基于各种食物产量转换的热量供给水平表示；$E_{\mathrm{pc}}$ 表示人均热量消费标准。鉴于不同人群、不同生活标准下热量推荐摄入标准存在有所差异。EAT-柳叶刀可持续食物体系及健康饮食委员会提出的热量标准考虑到了人体生理需求和全球资源环境的行星边界，在不同人群和区域皆具普适性（Walter，2019）。考虑到丝路共建国家以发展中国家为主，因此，本研究热量需求采用《柳叶刀》提出的标准。同时，考虑到食物供给层面不涉及水产品，因此扣除近五年来全球水产品的热量供给量均值，即 $E_{\mathrm{pc}}$ 取 2464kcal/（人·d）。

### 2. 土地资源承载密度

　　土地资源承载密度（land carrying density，LCD）反映单位土地面积上产出的食物所能承载的人口数量，用土地资源承载力与土地面积之比来表征。本章土地资源承载密度计算公式如式（7-2）：

$$\mathrm{ELCD} = \mathrm{ELCC} / \mathrm{LA} \tag{7-2}$$

式中，ELCD 表示土地资源承载密度，人/km²；ELCC 表示土地资源承载力，人；LA 为农业用地面积，km²。利用土地资源承载密度能较好的比较不同国家的土地资源承载能力。

### 3. 土地资源承载指数

　　土地资源承载指数（land carrying capacity index，LCCI）是指区域现实人口规模与土地资源承载力之比，反映区域土地与人口之间的关系。本章基于热量平衡的土地资源承载指数计算公式如式（7-3）：

$$\text{ELCCI} = P_a / \text{ELCC} \tag{7-3}$$

式中，ELCCI 表示基于热量平衡的土地资源承载指数，可划分为三种类型（表 7-1）；$P_a$ 表示现实人口，人；ELCC 表示基于热量平衡的土地资源承载力，人。

表 7-1　基于热量平衡的土地资源承载力分级标准（1995 年）

| 承载状态 | 类型 | 土地资源承载指数 |
| --- | --- | --- |
| 土地盈余 | 富富有余 | ≤0.5 |
| | 盈余 | 0.5～0.75 |
| 人地平衡 | 平衡有余 | 0.75～1.0 |
| | 临界超载 | 1.0～1.5 |
| 土地超载 | 超载 | 1.5～10.0 |
| | 严重超载 | ≥10.0 |

**4. 热量有效供应水平**

鉴于各类食物营养素含量不同，采用营养素转换模型评估实现量纲统一，获得营养素供给总量。具体计算公式如式（7-4）：

$$E = \sum F_i \times \text{FA}_i \times \text{FEP}_i \times (1 - \text{FLW}_i) \times \text{NUT}_i \tag{7-4}$$

式中，$E$ 指热量的有效供应量；$F_i$ 代表第 $i$ 种食物；$\text{FA}_i$，$\text{FLW}_i$ 和 $\text{FEP}_i$ 分别表示第 $i$ 种分配系数、损耗系数和可食系数，$i$=1，2，…，180，代表选取的 180 种食物；$\text{NUT}_i$ 指第 $i$ 种食物的热量含量。需要指出，分配系数决定食物直接分配给人类食用而不是用作饲料等其他用途的数量，损耗系数反映食物在运输和消费环节的损耗和浪费情况，可食系数反映食物的可食部分比例。

# 7.2　全域水平

**1. 丝路共建地区土地资源承载力在 49 亿人水平，土地资源承载密度约为 245 人/km²**

基于人地关系的土地资源承载力研究表明，以人均每天 2464 kcal 的热量需求标准计，1995～2018 年，丝路共建地区土地资源承载力呈波动增加态势，从 30.70 亿人增加到 48.70 亿人。近 25 年间增加了约 18 亿人，2018 年较 1995 年增加了 58.60%（图 7-1）。

从承载密度来看，丝路共建地区土地资源承载密度整体处于较低水平，但呈增长态势（表 7-2）。1995～2018 年土地资源承载密度介于 156～245 人/km²，均值为 194 人/km²，到 2018 年土地资源承载密度为 244.54 人/km²。

表 7-2　基于热量平衡的共建地区土地资源承载密度变化（1995 年）

| 区域 | 1995 年 | | |
| --- | --- | --- | --- |
| | 农用地面积/万 km² | 承载密度/（人/km²） | 热量供给/×10¹²kcal |
| 中亚地区 | 29.54 | 15.04 | 39.95 |
| 中东欧地区 | 12.61 | 214.95 | 242.40 |
| 中蒙俄地区 | 85.77 | 148.21 | 1143.29 |
| 南亚地区 | 27.12 | 312.19 | 762.86 |
| 东南亚地区 | 10.63 | 407.68 | 389.81 |
| 西亚及中东地区 | 31.16 | 65.89 | 184.66 |
| 丝路共建地区 | 196.83 | 156.08 | 2762.97 |

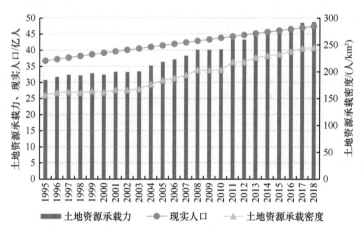

图 7-1　1995～2018 年丝路共建地区土地资源承载力

**2. 丝路共建地区土地资源承载力处于平衡盈余状态，食物的热量供给水平整体可以满足人口需求**

从基于热量平衡的土地资源承载状态来看，1995～2018 年，丝路共建地区土地资源承载指数介于 1.21～0.97，整体从 1.19 波动下降至 0.97，人地关系向好发展，当前土地资源承载力处于平衡有余状态，各类食物提供的有效热量供给整体可以满足人口的热量需求且略有盈余（图 7-2）。

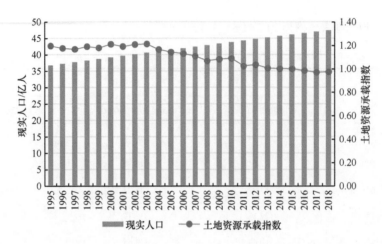

图 7-2　1995~2018 年丝路共建地区土地资源承载指数

## 7.3　分区尺度

**1. 东南亚地区和南亚地区土地资源承载力相对较强，西亚及中东地区、中亚地区土地资源承载力相对较弱**

丝路共建地区农业资源禀赋差异较大，不同地区食物生产能力和消费状态也不尽相同，因而不同地区土地资源承载能力差异显著。以丝路共建国家 2018 年土地资源承载密度（244.54 人/km$^2$）为依据，以其 1/2 和 2 倍取整作为阈值空间，将丝路不同共建地区的耕地资源承载密度分为较强（>500 人/km$^2$）、中等（120~500 人/km$^2$）、较弱（<120 人/km$^2$）三种类型。

（1）东南亚地区和南亚地区土地资源承载力相对较强。

2018 年，东南亚地区和南亚地区土地资源承载密度较高，分别为 542.47 人/km$^2$ 和 534.80 人/km$^2$，约 2.2 倍于全域平均水平。1995 以来，东南亚地区和南亚地区土地资源承载密度均有所增加，分别增加了 134.79 人/km$^2$ 和 222.61 人/km$^2$，增量居各区域第二和第一，土地资源承载密度明显增强（表 7-3，图 7-3）。

（2）中东欧地区、中蒙俄地区土地资源承载力居中。

2018 年，中东欧地区和中蒙俄地区土地资源承载密度居中，分别为 305.44 人/km$^2$ 和 230.55 人/km$^2$，基本与全域平均水平持平。1995 以来，中东欧地区和中蒙俄地区土地资源承载密度均有所增加，分别增加了 90.49 人/km$^2$ 和 82.34 人/km$^2$，增量居各区域第三和第四，也基本与丝路共建地区增量的平均水平持平，土地资源承载能力有所改善。

（3）西亚及中东地区、中亚地区土地资源承载力相对较弱。

2018 年，西亚及中东地区和中亚地区土地资源承载密度分别为 81.22 人/km$^2$ 和 30.88 人/km$^2$，仅为丝路共建地区平均水平的 1/3 和 1/8 左右，处于较低水平。从变化来看，1995

表 7-3　基于热量平衡丝路不同共建地区土地资源承载密度变化（2018 年）

| 区域 | 2018 年 | | |
| --- | --- | --- | --- |
| | 农用地面积/km² | 承载密度/（人/km²） | 热量供给/×10¹² kcal |
| 中亚地区 | 29.05 | 30.88 | 80.68 |
| 中东欧地区 | 11.21 | 305.44 | 305.99 |
| 中蒙俄地区 | 85.66 | 230.55 | 1776.23 |
| 南亚地区 | 27.05 | 534.80 | 1303.15 |
| 东南亚地区 | 13.88 | 542.47 | 677.19 |
| 西亚及中东地区 | 32.24 | 81.22 | 235.54 |
| 丝路共建地区 | 199.09 | 244.54 | 4378.78 |

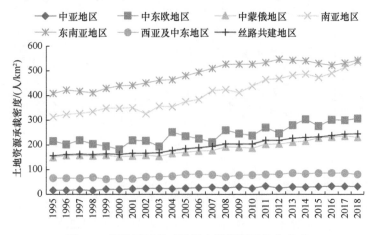

图 7-3　丝路不同共建地区土地资源承载力密度

年以来，西亚及中东地区和中亚地区土地资源承载密度增加均在 15 人/km² 左右，增量不足丝路全域增量的 1/5，土地资源承载能力提高程度有限。

**2. 中东欧地区土地资源盈余，西亚及中东地区土地资源超载**

基于土地承载指数的丝路不同共建地区土地资源承载力研究表明，中东欧地区、中蒙俄地区、中亚地区、东南亚地区土地资源盈余，南亚地区和西亚及中东地区土地资源临界超载。

（1）1995～2018 年，中东欧土地资源承载指数介于 0.51～0.84，热量供给大于热量的需求，土地资源处于盈余状态。

中东欧地区粮食产量和各类畜产品单产居较高水平，2018 年土地资源承载指数 0.51，土地资源处于盈余状态。1995～2018 年，土地资源承载力属于土地盈余类型，土地资源在盈余和平衡有余状态之间转换，近年来人地关系持续向好（表 7-4，图 7-4）。

（2）1995～2018 年，中蒙俄地区、中亚地区、东南亚地区土地资源承载指数介于 0.75～1.0，土地资源处于平衡有余状态。

表 7-4 基于热量平衡的丝路不同共建地区土地承载指数

| 区域 | 1995 年 | | | 2018 年 | | |
| --- | --- | --- | --- | --- | --- | --- |
| | 承载指数 | 承载人口/百万人 | 现实人口/百万人 | 承载指数 | 承载人口/百万人 | 现实人口/百万人 |
| 中亚地区 | 1.20 | 44.42 | 53.17 | 0.80 | 89.70 | 72.05 |
| 中东欧地区 | 0.70 | 269.53 | 189.43 | 0.51 | 340.24 | 175.18 |
| 中蒙俄地区 | 1.09 | 1271.23 | 1391.45 | 0.80 | 1974.99 | 1576.55 |
| 南亚地区 | 1.49 | 848.22 | 1264.70 | 1.25 | 1448.97 | 1816.90 |
| 东南亚地区 | 1.11 | 433.43 | 482.13 | 0.86 | 752.96 | 649.54 |
| 西亚及中东地区 | 1.41 | 205.32 | 289.03 | 1.71 | 261.90 | 448.50 |
| 丝路共建地区 | 1.24 | 3072.15 | 3669.90 | 1.05 | 4868.76 | 4738.72 |

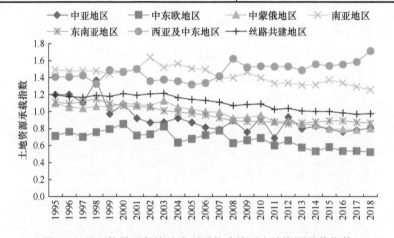

图 7-4 基于热量平衡的丝路不同共建地区土地资源承载指数

中蒙俄地区土地面积广阔，农产品丰富，2018 年土地资源承载指数为 0.80，土地资源处于平衡有余状态。1995～2018 年，中蒙俄地区土地资源承载指数介于 0.78～1.12，整体呈降低态势，人地关系向好发展。

中亚地区气候相对干旱，热量含量较高的粮食及畜产品产量相对较高，2018 年土地资源承载指数为 0.80，土地资源处于平衡有余状态。1995～2018 年，中亚地区土地资源承载指数介于 0.68～1.36，波动较大。除 1996～1999 年、2001 年土地资源承载力属于土地临界超载外，其余年份均属于平衡有余。

东南亚地区水热条件较好，食物生产条件相对优越，2018 年土地资源承载指数为 0.86，土地资源处于平衡有余状态。1995～2018 年，土地资源承载指数介于 0.85～1.15，多处于平衡有余或临界超载的平衡状态，2004 年以前多为临界超载，此后土地资源承载状态有所好转，多为平衡有余。

（3）1995～2018 年，南亚地区土地资源承载指数介于 1.0～1.5，土地资源处于临界超载状态。

南亚地区人口众多，2018 年土地资源承载指数为 1.25，土地资源处于临界超载状态。1995～2018 年，土地资源承载力多处于临界超载状态，近年来土地资源承载指数有下降

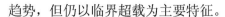

趋势，但仍以临界超载为主要特征。

（4）1995～2018 年，西亚及中东地区土地资源承载指数介于 1.3～1.8，土地资源处于超载状态。

西亚及中东地区气候相对干旱，食物生产条件较差，2018 年土地资源承载指数为 1.71，土地资源处于超载状态。1995～2007 年西亚及中东地区土地资源承载力多处于临界超载状态，近年来随着人口增加，人地关系趋紧。

## 7.4　国别格局

**1. 丝路国别土地资源承载力相对较弱，约 6 成共建国家低于全区平均水平**

丝路共建国家农业生产各有优势，不同地区消费水平也不尽相同，因而土地资源承载力差异显著。以丝路共建国家 2018 年土地资源承载密度（244.54 人/km²）为依据，以其 1/2 和 2 倍取整作为中等阈值空间，将丝路不同共建地区的土地资源承载密度分为较强（＞500 人/km²）、中等（120～500 人/km²）、较弱（＜120 人/km²）三种类型。

（1）土地资源承载力较强的共建国家有 10 个，土地资源承载密度超过 500 人/km²，远高于丝路共建地区平均水平，主要集中于西亚及中东地区、南亚地区和东南亚地区。

埃及灌溉条件较好，耕地面积广阔，食物生产以高热量含量的谷物为主，土地资源承载能力最强，2018 年土地资源承载密度达到了 1490.72 人/km²，约 6 倍于丝路共建地区水平。孟加拉国和越南雨热同期，食物生产条件优越，土地资源承载密度也较高，均超过 1000 人/km²，2018 年分别达到了 1379.16 人/km² 和 1065.09 人/km²，分别 5.6 倍和 4.4 倍于丝路共建地区水平。同期，菲律宾、缅甸两国土地资源承载密度超过 700 人/km²，尼泊尔、泰国、柬埔寨、印度、老挝 5 国土地资源承载密度超过或接近 600 人/km²（表 7-5）。

表 7-5　土地资源承载力较强共建国家土地承载密度统计表　　（单位：人/km²）

| 区域 | 国家 | 1995 年 | | 2018 年 | |
| --- | --- | --- | --- | --- | --- |
| | | 人口密度 | 承载密度 | 人口密度 | 承载密度 |
| 西亚及中东地区 | 埃及 | 62.24 | 1263.46 | 98.28 | 1490.72 |
| 南亚地区 | 孟加拉国 | 775.76 | 640.85 | 1093.56 | 1379.16 |
| 东南亚地区 | 越南 | 226.24 | 894.99 | 288.45 | 1065.09 |
| 东南亚地区 | 菲律宾 | 232.61 | 520.26 | 355.50 | 743.70 |
| 东南亚地区 | 缅甸 | 64.89 | 406.41 | 79.38 | 728.82 |
| 南亚地区 | 尼泊尔 | 146.60 | 362.20 | 190.89 | 654.88 |
| 东南亚地区 | 泰国 | 115.89 | 400.70 | 135.31 | 621.30 |
| 东南亚地区 | 柬埔寨 | 58.86 | 162.65 | 89.76 | 617.68 |
| 南亚地区 | 印度 | 293.23 | 365.31 | 411.48 | 615.73 |
| 东南亚地区 | 老挝 | 20.47 | 190.58 | 29.82 | 591.99 |

从变化情况看，1995~2018 年，承载力较强的 10 个国家土地资源承载密度均有提高，增量介于 170~740 人/km²。以孟加拉国增长量最大，增量约 740 人/km²，柬埔寨和老挝增量也较大，分别增长约 450 人/km² 和 400 人/km²。缅甸和尼泊尔则分别增加约 320 人/km² 和 290 人/km²，其余国家增量处于 170~250 人/km²。

（2）土地资源承载力中等的共建国家有 32 个，土地资源承载密度介于 120~500 人/km²，略低或略高于丝路共建地区平均水平，分布较为广泛。

2018 年，以色列、塞尔维亚、巴基斯坦、斯里兰卡和匈牙利等 18 国土地资源承载密度在 250~500 人/km²，是丝路共建地区水平的 1~2 倍，土地资源承载力中等偏上。黎巴嫩、立陶宛、白俄罗斯、斯洛文尼亚和阿联酋等 14 国土地资源承载力介于 120~250 人/km²，为丝路共建地区的 0.5~1.0 倍，土地资源承载力中等偏下（表 7-6）。

表 7-6　土地资源承载力中等国家土地承载密度统计表　（单位：人/km²）

| 区域 | 国家 | 1995 年 | | 2018 年 | |
|---|---|---|---|---|---|
| | | 人口密度 | 承载密度 | 人口密度 | 承载密度 |
| 西亚及中东地区 | 以色列 | 238.85 | 437.09 | 379.77 | 492.12 |
| 中东欧地区 | 塞尔维亚 | 86.30 | 284.11 | 99.62 | 472.63 |
| 南亚地区 | 巴基斯坦 | 155.48 | 255.64 | 266.58 | 449.85 |
| 南亚地区 | 斯里兰卡 | 278.05 | 400.44 | 323.56 | 442.78 |
| 中东欧地区 | 匈牙利 | 111.25 | 315.71 | 104.35 | 422.42 |
| 中东欧地区 | 波兰 | 122.99 | 326.26 | 121.28 | 406.20 |
| 中东欧地区 | 捷克 | 131.33 | 336.35 | 135.23 | 387.18 |
| 东南亚地区 | 印度尼西亚 | 103.06 | 384.15 | 139.64 | 385.96 |
| 东南亚地区 | 文莱 | 51.49 | 158.32 | 74.34 | 362.56 |
| 中东欧地区 | 克罗地亚 | 81.65 | 192.83 | 47.19 | 353.26 |
| 中东欧地区 | 斯洛伐克 | 109.64 | 266.58 | 111.22 | 346.29 |
| 中东欧地区 | 罗马尼亚 | 96.33 | 218.33 | 81.82 | 334.96 |
| 西亚及中东地区 | 科威特 | 90.12 | 102.57 | 232.17 | 326.43 |
| 中蒙俄地区 | 中国 | 129.76 | 207.83 | 149.29 | 316.74 |
| 西亚及中东地区 | 土耳其 | 74.47 | 197.36 | 104.85 | 284.96 |
| 中东欧地区 | 乌克兰 | 84.34 | 175.70 | 73.31 | 282.71 |
| 中东欧地区 | 保加利亚 | 75.50 | 168.84 | 63.53 | 271.51 |
| 中东欧地区 | 摩尔多瓦 | 128.23 | 213.35 | 119.70 | 256.71 |
| 西亚及中东地区 | 黎巴嫩 | 337.64 | 212.50 | 656.40 | 237.92 |
| 中东欧地区 | 立陶宛 | 55.54 | 133.21 | 42.90 | 227.27 |
| 中东欧地区 | 白俄罗斯 | 48.54 | 153.82 | 45.53 | 217.60 |
| 中东欧地区 | 斯洛文尼亚 | 98.23 | 294.15 | 101.46 | 216.22 |
| 西亚及中东地区 | 阿联酋 | 24.48 | 110.40 | 97.63 | 180.11 |
| 中东欧地区 | 阿尔巴尼亚 | 108.28 | 142.20 | 100.27 | 179.12 |
| 中东欧地区 | 爱沙尼亚 | 31.68 | 134.29 | 29.18 | 173.12 |
| 中东欧地区 | 拉脱维亚 | 38.83 | 111.43 | 29.86 | 167.96 |

续表

| 区域 | 国家 | 1995 年 | | 2018 年 | |
| --- | --- | --- | --- | --- | --- |
| | | 人口密度 | 承载密度 | 人口密度 | 承载密度 |
| 西亚及中东地区 | 卡塔尔 | 44.22 | 103.36 | 242.10 | 166.40 |
| 中蒙俄地区 | 俄罗斯 | 8.67 | 84.86 | 8.52 | 139.88 |
| 西亚及中东地区 | 阿塞拜疆 | 89.79 | 45.04 | 114.89 | 132.45 |
| 中东欧地区 | 波黑 | 74.77 | 63.03 | 64.91 | 130.29 |
| 西亚及中东地区 | 伊朗 | 35.21 | 70.53 | 46.87 | 123.92 |
| 东南亚地区 | 马来西亚 | 61.93 | 129.53 | 95.39 | 120.47 |

从变化情况来看，1995~2018 年，土地资源承载力中等的 30 个国家土地资源承载密度有所增长，其中，科威特和文莱分别增加 223.86 人/km² 和 204.24 人/km²，增长明显。巴基斯坦、塞尔维亚、克罗地亚、罗马尼亚和中国等 8 国增量介于 100~200 人/km²，土地资源承载能力也有较大改善。立陶宛、土耳其、阿塞拜疆、波兰和斯洛伐克等 20 国增量在 50~100 人/km²，土地资源承载密度也有一定提高。马来西亚和斯洛文尼亚两国土地资源承载密度有所下降，分别减少了 9.06 人/km² 和 77.93 人/km²，土地资源承载力减弱。

（3）丝路共建地区土地资源承载力较弱的共建国家有 21 个，土地资源承载密度低于 120 人/km²，远低于丝路共建地区平均水平，主要集中于西亚及中东地区。

2018 年，东帝汶、约旦、巴基斯坦等 21 个国家土地资源承载密度低于 120 人/km²，土地资源承载力较弱。其中，格鲁吉亚、叙利亚、阿曼、吉尔吉斯斯坦和伊拉克等 10 国土地资源承载密度介于 50~100 人/km²，处于较低水平。蒙古国、沙特阿拉伯、也门、土库曼斯坦、哈萨克斯坦和阿富汗 6 国土地资源承载密度不足 50 人/km²，约仅为丝路共建地区平均水平的 1/10，土地资源承载力位居丝路共建地区末位（表 7-7）。

表 7-7　土地资源承载力较弱共建国家土地承载密度统计表　　（单位：人/km²）

| 区域 | 国家 | 1995 年 | | 2018 年 | |
| --- | --- | --- | --- | --- | --- |
| | | 人口密度 | 承载密度 | 人口密度 | 承载密度 |
| 东南亚地区 | 东帝汶 | 56.78 | 146.49 | 85.27 | 119.60 |
| 西亚及中东地区 | 约旦 | 51.69 | 61.08 | 111.57 | 118.20 |
| 西亚及中东地区 | 巴勒斯坦 | 434.99 | 99.91 | 807.80 | 115.10 |
| 南亚地区 | 马尔代夫 | 847.13 | 303.57 | 1718.99 | 112.33 |
| 中东欧地区 | 北马其顿 | 77.14 | 97.69 | 81.02 | 104.80 |
| 中亚地区 | 塔吉克斯坦 | 40.44 | 29.21 | 64.37 | 98.83 |
| 中亚地区 | 乌兹别克斯坦 | 50.94 | 50.03 | 72.34 | 98.81 |
| 南亚地区 | 不丹 | 13.34 | 91.64 | 19.65 | 94.17 |
| 西亚及中东地区 | 亚美尼亚 | 108.18 | 72.05 | 99.25 | 83.30 |
| 中东欧地区 | 黑山 | 44.29 | 30.42 | 45.46 | 68.23 |
| 西亚及中东地区 | 伊拉克 | 45.97 | 69.01 | 88.34 | 63.76 |
| 中亚地区 | 吉尔吉斯斯坦 | 22.84 | 26.93 | 31.53 | 59.66 |

| 区域 | 国家 | 1995 年 | | 2018 年 | |
|------|------|---------|---------|---------|---------|
| | | 人口密度 | 承载密度 | 人口密度 | 承载密度 |
| 西亚及中东地区 | 阿曼 | 7.12 | 30.78 | 15.60 | 52.10 |
| 西亚及中东地区 | 叙利亚 | 77.47 | 109.14 | 91.51 | 50.59 |
| 西亚及中东地区 | 格鲁吉亚 | 71.40 | 51.22 | 57.43 | 50.22 |
| 南亚地区 | 阿富汗 | 27.74 | 22.26 | 56.94 | 28.97 |
| 中亚地区 | 哈萨克斯坦 | 5.81 | 10.30 | 6.72 | 22.68 |
| 中亚地区 | 土库曼斯坦 | 8.62 | 11.44 | 11.99 | 13.67 |
| 西亚及中东地区 | 也门 | 28.25 | 9.09 | 53.98 | 8.36 |
| 西亚及中东地区 | 沙特阿拉伯 | 8.67 | 4.63 | 15.68 | 3.76 |
| 中蒙俄地区 | 蒙古国 | 1.47 | 0.82 | 2.03 | 1.80 |

从变化来看，1995~2018 年，土地资源承载密度较低的国家中有 14 个国家土地资源承载密度在增长，以塔吉克斯坦、约旦、乌兹别克斯坦、黑山和吉尔吉斯斯坦 5 国增量较大，在 30~70 人/km²。同期，7 个国家土地资源承载密度在下降，其中马尔代夫下降了约 190 人/km²，叙利亚和东帝汶分别下降了约 59 人/km² 和 27 人/km² 水平，其余国家土地资源承载密度下降较少。

**2. 丝路共建地区国别土地资源承载力差异显著，半数以上国家处于土地盈余或平衡状态**

基于土地承载指数的国别尺度土地资源承载力评价表明，丝路共建国家和地区土地资源承载力盈余、平衡和超载的共建国家分别为 17 个、18 个和 28 个，其中盈余国家多以中东欧地区和东南亚地区国家为主，超载国家以西亚及中东地区国家为主。

（1）丝路共建地区土地资源承载力盈余的共建国家共有 17 个。其中富富有余国家有 8 个，土地资源承载指数介于 0.37~0.50，热量供给可以满足人口需求，且有丰富食物盈余。土地资源承载力盈余国家有 9 个，土地资源承载指数介于 0.51~0.74，热量供给可以满足人口需求，且有部分盈余（表 7-8、表 7-9）。

2018 年哈萨克斯坦、乌克兰、立陶宛、匈牙利、罗马尼亚、柬埔寨、俄罗斯、老挝 8 国土地资源承载指数介于 0.37~0.50，土地资源承载力处于富富有余状态，存在较丰富的食物盈余，人地关系较好。从变化情况看，1995~2018 年，8 个国家土地资源承载指数均有所下降，人地关系向好发展，以老挝、柬埔寨 2 个国家下降量最大，介于 0.4~1.0。从承载状态变化看，柬埔寨、老挝从临界超载转入富富有余，立陶宛和俄罗斯由平衡有余转入富富有余，其余 4 国均从盈余转入富富有余状态（表 7-8）。

2018 年泰国、白俄罗斯、保加利亚、塞尔维亚和缅甸等 9 国土地资源承载指数介于 0.53~0.64，土地资源承载力处于盈余状态，存在部分食物盈余，人地关系较好。从变化情况看，1995~2018 年，波兰和塞尔维亚的土地资源承载指数有所上升，人地关系趋紧。其余 7 个国家土地资源承载指数均有所下降，以拉脱维亚、缅甸、越南 3 个

表 7-8　土地资源承载力富富有余国家统计表

| 区域 | 国家 | 1995 年 | | | 2018 年 | | |
| --- | --- | --- | --- | --- | --- | --- | --- |
| | | 承载力/百万人 | 承载指数 | 承载状态 | 承载力/百万人 | 承载指数 | 承载状态 |
| 中亚地区 | 哈萨克斯坦 | 22.38 | 0.71 | 盈余 | 49.00 | 0.37 | 富富有余 |
| 中东欧地区 | 乌克兰 | 73.54 | 0.69 | 盈余 | 116.84 | 0.38 | 富富有余 |
| 中东欧地区 | 立陶宛 | 4.54 | 0.80 | 平衡有余 | 6.70 | 0.42 | 富富有余 |
| 中东欧地区 | 匈牙利 | 19.51 | 0.53 | 盈余 | 22.37 | 0.43 | 富富有余 |
| 中东欧地区 | 罗马尼亚 | 32.31 | 0.71 | 盈余 | 44.93 | 0.43 | 富富有余 |
| 东南亚地区 | 柬埔寨 | 7.43 | 1.43 | 临界超载 | 34.38 | 0.47 | 富富有余 |
| 中蒙俄地区 | 俄罗斯 | 183.64 | 0.81 | 平衡有余 | 301.44 | 0.48 | 富富有余 |
| 东南亚地区 | 老挝 | 3.24 | 1.50 | 临界超载 | 14.17 | 0.50 | 富富有余 |

国家下降量较大。从承载状态变化看，塞尔维亚从富富有余转入盈余，保加利亚和摩尔多瓦从平衡有余转入盈余，拉脱维亚、缅甸、越南从临界超载转入盈余，其余 3 国均无变化（表 7-9）。

表 7-9　土地资源盈余国家土地承载力统计表

| 区域 | 国家 | 1995 年 | | | 2018 年 | | |
| --- | --- | --- | --- | --- | --- | --- | --- |
| | | 承载力/百万人 | 承载指数 | 承载状态 | 承载力/百万人 | 承载指数 | 承载状态 |
| 东南亚地区 | 泰国 | 84.99 | 0.70 | 盈余 | 137.37 | 0.51 | 盈余 |
| 中东欧地区 | 白俄罗斯 | 14.37 | 0.70 | 盈余 | 18.39 | 0.51 | 盈余 |
| 中东欧地区 | 保加利亚 | 10.41 | 0.81 | 平衡有余 | 13.66 | 0.52 | 盈余 |
| 中东欧地区 | 塞尔维亚 | 15.42 | 0.49 | 富富有余 | 16.48 | 0.53 | 盈余 |
| 东南亚地区 | 缅甸 | 42.47 | 1.03 | 临界超载 | 93.94 | 0.57 | 盈余 |
| 中东欧地区 | 拉脱维亚 | 2.04 | 1.23 | 临界超载 | 3.26 | 0.59 | 盈余 |
| 中东欧地区 | 波兰 | 60.76 | 0.63 | 盈余 | 58.95 | 0.64 | 盈余 |
| 中东欧地区 | 摩尔多瓦 | 5.45 | 0.80 | 平衡有余 | 5.79 | 0.70 | 盈余 |
| 东南亚地区 | 越南 | 63.36 | 1.18 | 临界超载 | 129.31 | 0.74 | 盈余 |

（2）丝路共建地区土地资源承载力处于平衡状态的共建国家有 18 个，具体表现为平衡有余或临界超载。

2018 年丝路共建地区土地资源承载力平衡有余的共建国家主要包括爱沙尼亚、土耳其和捷克等 6 国，土地资源承载指数介于 0.76～0.85，土地资源承载力处于平衡有余状态，人地关系平衡。从变化情况看，1995～2018 年，土耳其、捷克、斯洛伐克土地资源承载指数有所上升，人地关系趋紧，爱沙尼亚、克罗地亚和中国土地资源承载指数下降，人地关系向好。从承载状态变化看，爱沙尼亚、克罗地亚、中国从临界超载状态转为平衡有余，土耳其和捷克由盈余状态转为平衡有余，斯洛伐克稳定处于平衡有余的状态（表 7-10）。

表 7-10　土地资源平衡有余共建国家土地承载力统计表

| 区域 | 国家 | 1995 年 | | | 2018 年 | | |
|---|---|---|---|---|---|---|---|
| | | 承载力/百万人 | 承载指数 | 承载状态 | 承载力/百万人 | 承载指数 | 承载状态 |
| 中东欧地区 | 爱沙尼亚 | 1.33 | 1.08 | 临界超载 | 1.74 | 0.76 | 平衡有余 |
| 西亚及中东地区 | 土耳其 | 77.94 | 0.75 | 盈余 | 107.72 | 0.76 | 平衡有余 |
| 中东欧地区 | 捷克 | 14.40 | 0.72 | 盈余 | 13.64 | 0.78 | 平衡有余 |
| 中东欧地区 | 克罗地亚 | 4.50 | 1.03 | 临界超载 | 5.24 | 0.79 | 平衡有余 |
| 中东欧地区 | 斯洛伐克 | 6.52 | 0.82 | 平衡有余 | 6.54 | 0.83 | 平衡有余 |
| 中蒙俄地区 | 中国 | 1086.62 | 1.14 | 临界超载 | 1671.51 | 0.85 | 平衡有余 |

2018 年丝路共建地区土地资源承载力临界超载的共建国家主要包括吉尔吉斯斯坦、尼泊尔、印度尼西亚、菲律宾和波黑等 12 个国家，土地承载指数介于 1.02～1.41。土地资源承载力处于临界超载状态，食物供给不足以满足域内人口需求，人地关系相对紧张。从变化来看，1995～2018 年，伊朗、土库曼斯坦两国土地资源承载指数有不同程度上升，人地关系趋紧。其余 10 国土地资源承载指数均有所下降，人地关系趋缓，以波黑、孟加拉国、吉尔吉斯斯坦、阿尔巴尼亚下降最多。从承载状态变化看，波黑从超载转入临界超载状态，其余 11 国均无变化（表 7-11）。

表 7-11　土地资源临界超载共建国家土地承载力统计表

| 区域 | 国家 | 1995 年 | | | 2018 年 | | |
|---|---|---|---|---|---|---|---|
| | | 承载力/百万人 | 承载指数 | 承载状态 | 承载力/百万人 | 承载指数 | 承载状态 |
| 中亚地区 | 吉尔吉斯斯坦 | 2.81 | 1.62 | 临界超载 | 6.19 | 1.02 | 临界超载 |
| 南亚地区 | 尼泊尔 | 15.18 | 1.42 | 临界超载 | 26.99 | 1.04 | 临界超载 |
| 东南亚地区 | 印度尼西亚 | 165.10 | 1.19 | 临界超载 | 240.45 | 1.11 | 临界超载 |
| 东南亚地区 | 菲律宾 | 57.31 | 1.22 | 临界超载 | 92.52 | 1.15 | 临界超载 |
| 中东欧地区 | 波黑 | 1.37 | 2.79 | 超载 | 2.88 | 1.15 | 临界超载 |
| 南亚地区 | 印度 | 661.00 | 1.46 | 临界超载 | 1105.72 | 1.22 | 临界超载 |
| 中亚地区 | 土库曼斯坦 | 4.06 | 1.04 | 临界超载 | 4.63 | 1.26 | 临界超载 |
| 南亚地区 | 孟加拉国 | 60.07 | 1.92 | 临界超载 | 126.91 | 1.27 | 临界超载 |
| 中亚地区 | 乌兹别克斯坦 | 13.83 | 1.65 | 临界超载 | 25.22 | 1.29 | 临界超载 |
| 南亚地区 | 巴基斯坦 | 92.10 | 1.34 | 临界超载 | 163.30 | 1.30 | 临界超载 |
| 中东欧地区 | 阿尔巴尼亚 | 1.60 | 1.94 | 临界超载 | 2.10 | 1.37 | 临界超载 |
| 西亚及中东地区 | 伊朗 | 45.29 | 1.36 | 临界超载 | 58.14 | 1.41 | 临界超载 |

（3）丝路共建地区土地资源承载力超载和严重超载的共建国家共有 28 个，其中处于土地超载状态的国家有 24 个，土地资源承载指数介于 1.55～9.12，食物产出难以满足域内人口需求，部分国家热量供应不足问题突出。土地严重超载状态的国家有 4 个，土地资源承载指数差异较大，仅依靠国内生产不足以满足域内人口食物需求，部分国家存在较大食物供需缺口（表 7-12、表 7-13）。

2018 年丝路共建地区土地资源承载力超载共建国家主要包括蒙古国、不丹、亚美尼亚、叙利亚、以色列、东帝汶和马来西亚等 24 国，土地资源承载力处于超载状态，存在一定程度的热量供应不足问题，人地关系较为紧张。从变化来看，1995~2018 年，蒙古国、阿塞拜疆、北马其顿、斯里兰卡、塔吉克斯坦、文莱、科威特、亚美尼亚和阿曼 9 个国家土地承载指数有所下降，人地关系趋缓。其余 15 个国家土地资源承载指数均有所上升，人地关系进一步趋紧，以巴勒斯坦、伊拉克、沙特阿拉伯、黎巴嫩和约旦增长较多。从承载状态变化来看，叙利亚和不丹、斯洛文尼亚、北马其顿、斯里兰卡、埃及、东帝汶分别从盈余和临界超载转入超载状态，科威特和文莱从严重超载转入超载状态，其余 15 国均无变化（表 7-12）。

表 7-12　土地资源超载共建国家土地承载力统计表

| 区域 | 国家 | 1995 年 | | | 2018 年 | | |
| --- | --- | --- | --- | --- | --- | --- | --- |
| | | 承载力/百万人 | 承载指数 | 承载状态 | 承载力/百万人 | 承载指数 | 承载状态 |
| 中蒙俄地区 | 蒙古国 | 0.98 | 2.35 | 超载 | 2.04 | 1.55 | 超载 |
| 南亚地区 | 不丹 | 0.52 | 1.03 | 临界超载 | 0.48 | 1.56 | 超载 |
| 中东欧地区 | 斯洛文尼亚 | 1.58 | 1.26 | 临界超载 | 1.32 | 1.57 | 超载 |
| 西亚及中东地区 | 阿塞拜疆 | 2.02 | 3.85 | 超载 | 6.33 | 1.57 | 超载 |
| 中东欧地区 | 北马其顿 | 1.26 | 1.58 | 临界超载 | 1.32 | 1.57 | 超载 |
| 南亚地区 | 斯里兰卡 | 9.31 | 1.96 | 临界超载 | 12.45 | 1.71 | 超载 |
| 西亚及中东地区 | 埃及 | 41.48 | 1.50 | 临界超载 | 57.18 | 1.72 | 超载 |
| 中亚地区 | 塔吉克斯坦 | 1.34 | 4.31 | 超载 | 4.67 | 1.95 | 超载 |
| 西亚及中东地区 | 亚美尼亚 | 0.90 | 3.59 | 超载 | 1.40 | 2.11 | 超载 |
| 西亚及中东地区 | 叙利亚 | 15.05 | 0.95 | 盈余 | 7.04 | 2.41 | 超载 |
| 西亚及中东地区 | 以色列 | 2.50 | 2.10 | 超载 | 3.16 | 2.66 | 超载 |
| 东南亚地区 | 东帝汶 | 0.50 | 1.70 | 临界超载 | 0.45 | 2.79 | 超载 |
| 东南亚地区 | 马来西亚 | 9.02 | 2.27 | 超载 | 10.33 | 3.05 | 超载 |
| 西亚及中东地区 | 格鲁吉亚 | 1.56 | 3.19 | 超载 | 1.19 | 3.36 | 超载 |
| 南亚地区 | 阿富汗 | 8.40 | 2.16 | 超载 | 11.01 | 3.38 | 超载 |
| 中东欧地区 | 黑山 | 0.24 | 2.57 | 超载 | 0.18 | 3.58 | 超载 |
| 西亚及中东地区 | 黎巴嫩 | 1.29 | 2.73 | 超载 | 1.57 | 4.38 | 超载 |
| 西亚及中东地区 | 沙特阿拉伯 | 6.70 | 2.78 | 超载 | 6.53 | 5.16 | 超载 |
| 西亚及中东地区 | 阿曼 | 0.33 | 6.69 | 超载 | 0.76 | 6.35 | 超载 |
| 西亚及中东地区 | 伊拉克 | 6.28 | 3.21 | 超载 | 5.90 | 6.52 | 超载 |
| 西亚及中东地区 | 约旦 | 0.68 | 6.74 | 超载 | 1.21 | 8.25 | 超载 |
| 西亚及中东地区 | 科威特 | 0.15 | 11.03 | 严重超载 | 0.49 | 8.45 | 超载 |
| 东南亚地区 | 文莱 | 0.02 | 18.77 | 严重超载 | 0.05 | 8.83 | 超载 |
| 西亚及中东地区 | 巴勒斯坦 | 0.50 | 5.21 | 超载 | 0.53 | 9.12 | 超载 |

2018 年丝路共建地区土地资源承载力严重超载共建国家主要包括卡塔尔、阿联酋、马尔代夫和也门 4 国，土地资源承载力处于严重超载状态，存在较为严重热量供应不足

问题，人地关系严峻。从变化来看，1995～2018 年，土地资源严重超载共建国家的土地承载指数有所上升，人地关系进一步趋紧。从承载状态变化来看，也门、阿联酋和卡塔尔均是从超载转入严重超载状态，马尔代夫则在 1995 年就处于严重超载状态（表 7-13）。

表 7-13　土地资源严重超载共建国家土地承载力统计表

| 区域 | 国家 | 1995 年 | | | 2018 年 | | |
| --- | --- | --- | --- | --- | --- | --- | --- |
| | | 承载力/百万人 | 承载指数 | 承载状态 | 承载力/百万人 | 承载指数 | 承载状态 |
| 西亚及中东地区 | 阿联酋 | 0.42 | 5.71 | 超载 | 0.69 | 14.01 | 严重超载 |
| 西亚及中东地区 | 也门 | 2.16 | 6.91 | 超载 | 1.96 | 14.53 | 严重超载 |
| 西亚及中东地区 | 卡塔尔 | 0.07 | 7.64 | 超载 | 0.11 | 24.95 | 严重超载 |
| 南亚地区 | 马尔代夫 | 0.02 | 10.46 | 严重超载 | 0.01 | 71.73 | 严重超载 |

## 7.5　本章小结

本章从人地关系出发，基于当量平衡的土地资源承载力、土地资源承载密度与土地承载指数模型，系统评价了丝路全域、分区及国别在不同尺度的土地资源承载力，定量揭示丝路共建地区的土地资源承载力及其地域差异，具体结论如下：

（1）1995～2018 年，丝路共建地区土地资源承载力整体有所提升，可载人口从 30.70 亿增长至 48.70 亿，增加了 18 亿人。

1995～2018 年，丝路共建地区土地资源承载密度从 156 人/km² 增长到 245 人/km² 水平，单位面积土地资源承载力在提升。

1995～2018 年，丝路共建地区人地关系整体向好发展，土地资源承载指数从 1.19 降至 0.97，处于平衡有余的紧平衡状态。

（2）丝路不同共建地区土地资源承载力差异显著。

从土地资源承载密度来看，东南亚地区和南亚地区土地资源承载力相对较强，2018 年土地资源承载密度在 542.47 人/km² 和 534.80 人/km² 水平。中东欧地区和中蒙俄地区土地资源承载力处于中等水平，2018 年分别约为 305.44 人/km² 和 230.55 人/km² 水平。西亚及中东地区和中亚地区土地资源承载力相对较弱，分别约为 81.22 人/km² 和 30.88 人/km² 水平。

从土地资源承载状态来看，中东欧地区、中蒙俄地区、中亚地区及东南亚地区土地资源承载力多处于盈余或平衡有余状态，人地关系相对较好；南亚地区和西亚及中东地区土地资源承载力处于临界超载和超载状态，存在一定程度的食物短缺问题。

（3）丝路不同共建国家土地资源承载能力差异明显。

土地资源承载力评价表明，蒙古国、沙特阿拉伯、也门、土库曼斯坦、哈萨克斯坦、阿富汗等农业自然条件较干旱国家土地资源承载密度不足 120 人/km²，土地资源承载密度较低。以色列、塞尔维亚、巴基斯坦、斯里兰卡、匈牙利和波兰等国土地资源承载密

度介于 120~500 人/km²，承载密度居中。丝路有 10 个共建国家土地资源承载密
度超过 500 人/km²，土地资源承载密度较强，以南亚地区、东南亚地区国家为主，主要包括埃
及、孟加拉国、越南、菲律宾、缅甸等国家。

从土地资源承载状态来看，2018 年，丝路共建国家和地区土地资源承载力盈余、平
衡和超载的国家分别为 17 个、18 个和 28 个，其中盈余国家多以中东欧地区和东南亚地
区国家为主，超载国家以西亚及中东地区国家为主。

# 第8章 土地资源承载力的适应策略与提升路径

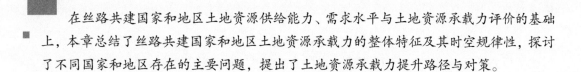

在丝路共建国家和地区土地资源供给能力、需求水平与土地资源承载力评价的基础上，本章总结了丝路共建国家和地区土地资源承载力的整体特征及其时空规律性，探讨了不同国家和地区存在的主要问题，提出了土地资源承载力提升路径与对策。

# 8.1 基本结论与存在问题

以国家为基本单元，从土地资源供需平衡关系出发，在分析社会经济与农业发展、土地资源供给能力，以及食物消费膳食热量水平的基础上，基于人粮平衡和热量平衡关系，丝路共建国家、地区和全域等不同尺度评估了丝路共建地区土地资源承载力、承载密度和承载状态，定量揭示丝路共建地区及其不同地区和国家的土地资源承载力及其地域差异。

**1. 丝路共建国家食物生产向好发展，不同类型食物生产规模空间差异显著**

1995～2018 年，丝路共建国家食物生产整体向好发展，生产规模逐渐扩大，但不同类型食物生产规模有所区别（表 8-1）。其中，蔬菜类农副产品的生产规模增长最快，2018年的生产规模约为 1995 年的 2 倍；肉蛋奶类动物性粮食的生产规模增幅较低于蔬菜类农副产品，增长幅度介于 80%～110%；谷物类植物性粮食的生产规模增长幅度最小，为 10%～55%。

表 8-1 丝路共建国家主要食物生产总量

| 年份 | 谷物/$10^6$ t | 豆类/$10^6$ t | 肉类/$10^6$ t | 蛋类/$10^6$ t | 奶类/$10^6$ t | 蔬菜/$10^6$ t |
| --- | --- | --- | --- | --- | --- | --- |
| 1995 | 1126.72 | 31.42 | 90.48 | 27.24 | 230.45 | 350.90 |
| 2000 | 1155.93 | 28.46 | 100.90 | 33.71 | 244.65 | 497.25 |
| 2005 | 1306.60 | 30.86 | 115.65 | 38.39 | 297.06 | 585.76 |
| 2010 | 1414.84 | 34.38 | 135.81 | 44.50 | 344.99 | 719.17 |
| 2015 | 1660.82 | 38.28 | 154.40 | 50.50 | 391.32 | 838.63 |
| 2018 | 1723.10 | 49.37 | 163.37 | 56.60 | 442.60 | 883.58 |
| 增长率/% | 52.93 | 57.15 | 80.55 | 107.79 | 92.06 | 151.80 |

从各个国家来看，约 4/5 国家谷物及肉类、蛋类、奶类产量有所增加（图 8-1）。中蒙俄地区、南亚地区和东南亚地区谷物产量占全域比重较大，是主要谷物产区，2018年中国、印度、俄罗斯谷物产量均超亿吨。中蒙俄地区和东南亚地区是肉类和蛋类主要产区，产量合计占全域比重接近 75%，其中中国和俄罗斯肉类产量较多，中国、印度、印度尼西亚蛋类产量较多。南亚地区和中蒙俄地区是奶类主要产区，产量合计占全域比

重超过 70%，印度、巴基斯坦、中国和俄罗斯的奶类产量较多。

**2. 丝路共建国家膳食热量水平逐渐接近全球水平，不同类型食物消费数量地域特征明显**

1995～2018 年，丝路共建国家蔬菜、水果、谷物和奶类人均消费量增加明显，形成了以谷物、水果、奶类和蔬菜为主的食物消费结构（图 8-2）。随着食物消费量的整体增加和消费结构变化，丝路共建地区全域膳食热量水平改善幅度优于全球，到达 2881 kcal/（人·d），与全球膳食热量水平差距逐渐缩小，植物性食物是主要膳食热量来源，但供给比逐渐下降。

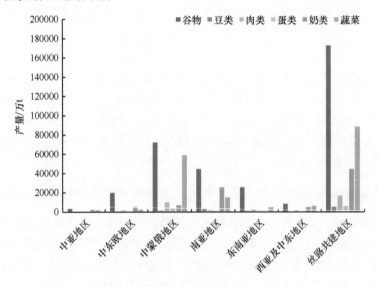

图 8-1　丝路共建地区主要食物产量

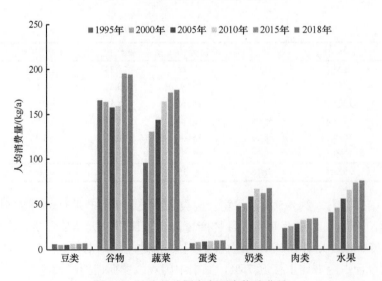

图 8-2　丝路共建国家主要食物消费量

不同地区食物消费结构存在一定差异，蔬菜和奶类在中亚地区、中东欧地区食物消费中占据重要地位，蔬菜、谷物、水果仍是中蒙俄地区、东南亚地区、西亚及中东地区主要食物，谷物和奶类则在南亚地区食物消费中占据重要地位。

受食物消费数量和消费结构影响，不同地区膳食热量水平也呈现不同特征（表 8-2），2018 年，中东欧地区、中蒙俄地区，以及西亚及中东地区人均膳食热量水平较高，介于 3150～3350 kcal/（人·d），中亚地区、东南亚和南亚地区人均膳食热量水平相对较低，介于 2520～2880 kcal/（人·d）。不同共建国家膳食热量水平差异显著，1995～2018 年，丝路近 9 成共建国家膳食热量水平有所改善，中东欧地区是高膳食热量水平国家的主要集中区，南亚地区和东南亚地区是低膳食热量国家的集中区。

表 8-2　丝路各共建地区膳食热量水平

| 区域 | 1995/［kcal/（人·d）］ | 2018/［kcal/（人·d）］ | 增量/［kcal/（人·d）］ | 增长率/% |
| --- | --- | --- | --- | --- |
| 东南亚地区 | 2342 | 2828 | 486 | 20.76 |
| 中蒙俄地区 | 2711 | 3218 | 506 | 18.67 |
| 中亚地区 | 2613 | 2872 | 259 | 9.91 |
| 中东欧地区 | 3001 | 3246 | 245 | 8.18 |
| 南亚地区 | 2296 | 2527 | 231 | 10.08 |
| 西亚及中东地区 | 3076 | 3169 | 94 | 3.04 |
| 丝路共建地区 | 2517 | 2881 | 364 | 14.46 |

**3. 耕地资源承载力增至 45 亿人水平，人粮关系整体趋好，转入临界超载状态，承载能力空间差异较大，部分国家存在粮食短缺问题严重**

1995～2018 年，丝路共建国家耕地资源承载力整体有所提升，承载力增长至 45.30 亿人，承载密度增长到 660 人/km² 水平，承载指数下降至 1.05，承载状态从超载转向临界超载，粮食需求略高于粮食产量。东南亚地区耕地资源承载力相对较强，中蒙俄地区、中东欧地区、南亚地区耕地资源承载力居中，西亚及中东地区、中亚地区耕地资源承载力普遍较低。

就承载状态而言，中东欧地区处于富富有余状态，东南亚地区处于盈余状态，南亚地区处于临界超载状态，西亚及中东地区处于超载状态（图 8-3）。受气候条件和耕地面积等因素影响，不同共建国家耕地资源承载能力差异显著。现阶段，近 7 成共建国家低于全区平均水平，耕地资源承载密度偏弱。西亚及中东地区、中亚地区等内陆国家、岛屿小国承载力较弱，孟加拉国、越南、埃及、中国等国承载密度较强。全域约 1/2 共建国家耕地资源处于超载状态，13 个共建国家严重超载，以西亚及中东地区国家和岛屿国家为主，这类国家粮食短缺问题严重。22 个共建国家处于耕地盈余或富富有余状态，以东南亚地区和中东欧地区国家为主，存在一定的粮食盈余。

**4. 土地资源承载力增至 49 亿人水平，承载指数逐渐下降，转入平衡盈余状态，承载能力地域特征显著，部分国家食物短缺问题突出**

1995～2018 年，丝路共建国家土地资源承载力整体有所提升，承载力增长至 48.70

亿人，承载密度增长到 245 人/km² 水平，承载指数下降至 0.97，承载状态从超载转向临界超载，热量需求略低于热量供给，人地关系略优于人粮关系。现阶段，从承载密度看，东南亚地区和南亚地区相对较强，中东欧地区和中蒙俄地区居于中等，西亚及中东地区和中亚地区相对较弱。

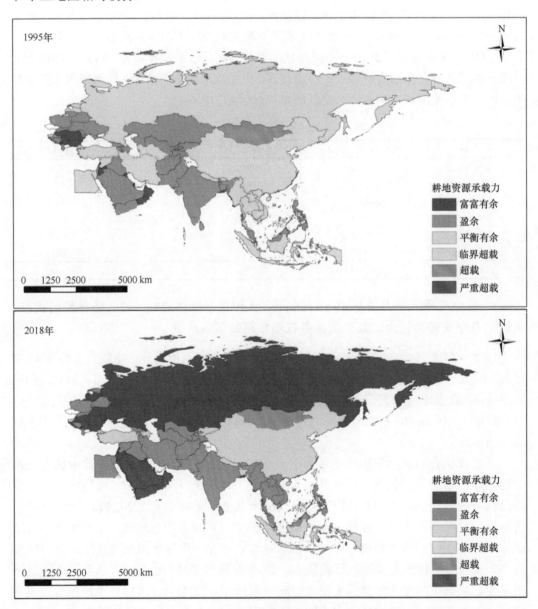

图 8-3　丝路共建国家耕地资源承载状态

从承载状态看，中东欧地区及东南亚地区土地资源承载力盈余，人地关系相对较好（图 8-4）。中亚地区、南亚地区和西亚及中东地区土地资源承载力临界超载，存在一定程度的食物短缺问题。就国别而言，丝路各共建国家食物生产能力差异大，不同国家土地资源承载能力差异明显。现阶段，超 1/2 共建国家土地资源承载密度低于全区域平均水平，气候干旱区国家食物生产能力整体偏弱，土地资源承载力较弱。南亚地区、东南亚地区水热条件优越，土地资源承载密度较强，明显高于全域平均水平。全域土地资源承载力以临界超载为主，约 1/3 共建国家处于土地盈余或富富有余状态。其中，28 个共建国家处于土地资源超载和严重超载状态，以西亚及中东地区国家和岛屿国家、半岛国家为主，包括马尔代夫、卡塔尔、也门等国，这类国家依靠国内供给难以满足食物需求。17 个共建国家土地资源盈余或富富有余，存在较为丰富的食物盈余，可为丝路其他共建国家提供食物输出。

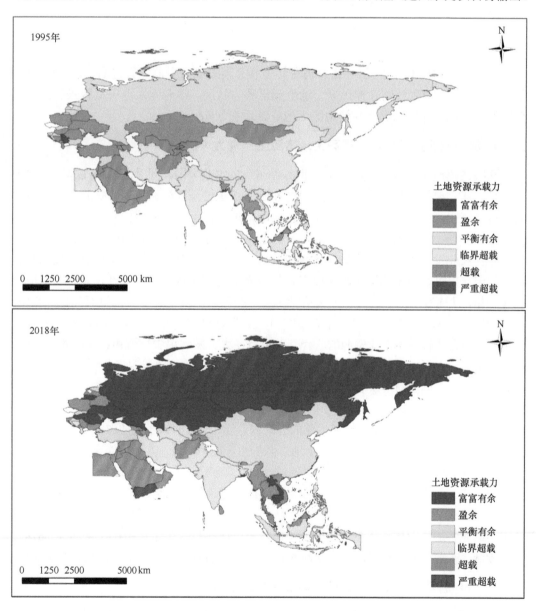

图 8-4　丝路共建国家土地资源承载状态

## 8.2　适应策略与提升路径

考虑到基于热量平衡视角下的土地资源承载力是将一个国家耕地和其他类型土地所生产的食物全部纳入到食物供给中，能够更加综合地反映一个国家土地资源承载状况。本部分聚焦丝路共建国家和地区的土地资源承载力评价结果，从全域到不同土地资源承载状态类型，从整体方案与不同国家两个层面，分别提出土地承载力适应策略与提升路径。

### 8.2.1　丝路共建国家和地区土地资源适应策略整体方案

从加强农业技术合作、引导膳食消费转型和开展食物安全监测等方面，提出依托"一带一路"平台，改善丝路共建国家土地资源承载力状况，规避因人地关系紧张引致的社会风险等优化方向提出丝路共建地区土地资源适应策略。

**1. 加强农业技术合作，提高土地资源生产能力**

丝路共建地区地域广阔，遍布农业资源和众多农业大国。同时，丝路共建国家和地区也是全球主要的人口集聚区，部分地区和国家水土资源匹配性较差，农业生产受自然条件约束较强，土地资源面临较大压力，人均耕地资源不足，人地关系相对紧张。部分国家如俄罗斯、蒙古国、中亚五国等虽具有丰富的土地资源，但其国内缺乏农业人力资源，并且农业发展资金和技术装备等也较为匮乏。因此，对于土地资源过剩、技术装备缺乏的国家，可以与土地资源缺乏而资金技术充沛的国家进行优势互补，大力发展境外农业合作，从而实现双赢。其合作的发展模式主要可以从以下几个方面进行考虑：首先，开展种植养殖协议等多元模式，建立政府间、企业间的合作机制，扶持跨国农业开发合作项目，积极进行跨国农业资源的联合开发投资，大力发展粮食种植和农畜饲养等产业，缓解高土地负载国家的耕地承载压力，促进土地盈余国家的土地资源充分利用；其次，丝路共建国家需共同面对解决食物短缺这一重要议题，积极探索多边合作机制，开展农业科技援助、基础设施援建等多方合作，集中土地资源缺乏国家的技术、信息、人才和资金等优势，在土地资源充盈国家建设现代化的有机农业园，一方面为当地的农业发展提供技术支撑，推动农业发展的规模化，提高土地资源的生产能力，另一方面也能充分利用技术优势国家的绿色农业技术，促进科技成果的转化，实现该国的粮食生产需求；最后，加强农产品的深加工合作，受限于资金、基础设施和技术等条件，丝路许多共建国家如蒙古国、巴基斯坦等大量生产农业初级产品，其在农产品深加工、中高端保健品、医药产品等领域还未形成完善的产业体系（李富佳等，2016），具有广阔开发空间。因此，对于食品深加工等领域，需要积极进行跨国技术交流和合作，共同创造农产品深加工领域的发展前景。

**2. 引导膳食消费转型，缓解土地资源承载压力**

丝路共建国家是全球主要人口集聚区，因此也成为全球主要的食物消费区。当前，整体膳食营养质量逐渐改善，膳食热量水平已逐渐高于全球水平。同时，部分国家热量水平远高于全球水平，特别是高于推荐的合理热量摄入水平，而部分国家则面临膳食热量不足的现实问题。考虑到膳食消费水平会从需求端对土地资源产生压力，因此建议丝路共建国家在"一带一路"倡议框架下，加强营养健康领域合作，围绕减轻土地资源承载压力这一议题，面向土地资源承载力和资源环境可持续利用目标，协同制定有针对性的膳食营养政策，推动膳食消费健康化。同时，各个共建国家应结合资源环境，因地制宜地拓展食物观，丰富食物供给途径。例如我国，东部沿海地区海洋资源丰富，可以部分省份为试点，建设海洋牧场，实现海洋可食用资源的自动化、智能化、类野生养殖；东北部黑土地地区坚果、野生浆果、优质食用菌等资源丰富，可进行食用菌种植、菌种研发，发展菌类大农业产业，有效满足市场对食用菌的多样化需求；地处"黄金奶源带"的北部草原地区，可抓住资源优势，发展特色畜牧业。除此之外，环境条件不具备优势的地区还可以借助设施农业等手段，为作物创造适宜的生长环境，实现高产、优质、高效目标的农业发展。

对中国而言，可为参与"一带一路"倡议各共建国家搭建营养健康领域交流合作平台，分享中国在膳食健康转型方面的经验，如高素质农民的培养经验，家庭农场、农民合作社、农业产业化龙头企业等新型农业经营服务主体的打造经验等，推动居民膳食结构优化与升级，鼓励节约消费粮食、杜绝食物浪费，引导公众树立起健康合理膳食消费新观念，促进丝路国家膳食营养向健康可持续方向发展。

**3. 优化食物贸易网络，提高食物综合供给水平**

食物贸易作为维护全球食物安全重要手段，已经成为缺粮地区增加食物供给的重要方式之一。"一带一路"倡议是有利于全球资源的优化配置，丝路共建地区中土地盈余共建国家存在丰富的食物盈余，而土地超载共建国家则面临着较为严重的食物短缺问题，双方可以通过食物贸易的形式实现食物资源的优化配置。首先，推进国家之间的粮食"双边贸易"，积极实施"一带一路"共建国家的粮食贸易战略，切实加强与共建国家间的互补性贸易。对于粮食需求增长较快的国家而言，可重点加强与有扩大粮食出口能力的共建国家之间的联系，挖掘其供给潜力，进一步提升该国的粮食市场占有率。其次，从有较大出口能力的共建国家和地区中挖掘潜在小麦、玉米和大豆进口来源国，降低市场集中度，分散粮食进口风险。对于中国而言，主要粮食品种的贸易过多地依赖非"一带一路"共建国家，面临较大的风险冲击；并且，除了和较多的共建国家开展稻米贸易，中国从"一带一路"共建国家进口的小麦、玉米和大豆都高度依赖特定国家，市场集中度过高。应进一步挖掘其他共建国家或者具有潜力的非共建国家的供给能力，让部分粮食出口大国更多地向中国市场倾斜，降低特定粮食品种对单一国家的依赖程度，拓展中国主要粮食品种的贸易圈。最后，还要帮助共建国家将粮食生产潜力转变为实际产能。尽管"一带一路"共建国家之间的粮食贸易呈现快速增长态势，但是总量水平仍然不高。长远来看，各方合作潜力较大，建议按照《共同推进"一带一路"建设农业合作的愿景与行动》提出的顶层设计，逐步实现与"一带一路"共建国家共同发展互利共赢的更大范围、更高水平、更深层次农业贸易合作。

**4. 开展食物安全监测，规避食物安全引致风险**

当前，"一带一路"倡议已成为备受欢迎的国际公共产品和国际合作平台，我国可作为主办方组建"一带一路"共建国家农业合作交流中心，成立农业科技合作联盟，开展"一带一路"共建国家农业技术交流培训活动，推动"一带一路"倡议参与签约的各国在农业领域国际合作交流范围不断扩大、合作程度逐步加深。加强与耕地资源强约束国家在农业生产领域合作，通过旱区农业技术推广等方式，帮助提高其粮食生产能力，增加粮食有效供给，降低对国际市场的依赖性，缓解超载国家粮食供给压力，改善人粮关系，为"一带一路"倡议推进创造良好国际环境。可积极与人均耕地面积较高的哈萨克斯坦、俄罗斯、乌克兰、立陶宛等国开展耕地承包合作。值得注意的是，土地资源承载状态是决定地区开发潜力和开发风险的重要因素，"一带一路"共建国家和地区的土地资源承载状态差异大，在进行"一带一路"建设布局时，应特别关注西亚及中东、南亚等地区人粮关系紧张国家的粮食安全状况，主动防范由粮食安全问题可能引发的"一带一路"项目建设风险，加强土地资源超载国家食物安全风险监测，规避因人地关系紧张引致的社会风险对"一带一路"共建国家倡议推进的影响（张超等，2022）。

## 8.2.2　不同承载类型国家土地资源适应策略

以人地关系视角下土地资源承载状态划分为依据，针对不同承载类型国家的土地资源承载状况，在归纳其土地资源承载力的约束类型基础上，提出相应土地资源承载力的提升路径。

**1. 临界超载型**

土地资源评价结果显示，丝路有 12 个共建国家土地资源临界超载，这类国家的食物供需缺口相对较小，多数国家大可以通过改善自身食物需求压力，提高土地资源生产能力，实现人地关系相对平衡（表 8-3）。依据其所处自然环境和人口数量状况，大致可以分为人口压力型、资源限制型、人口–资源约束型三种类型。

人口压力型共建国家主要包括印度、印度尼西亚、巴基斯坦、孟加拉国和菲律宾 5国，这类国家人口均过亿人，且具有较高的人口增长率和人口密度。同时，这类国家均处于热带或亚热带地区，水资源、土地资源、热量资源条件相对较好，农业生产复种条件优越，增产潜力较大。未来要实现人地关系平衡发展，一方面，可以通过合理调控人口数量，减轻食物需求总体压力；另一方面，可以通过改善农业生产技术，增加农业生产强度，改善食物总体供给能力，最终实现人口与土地资源的协调发展。

资源限制型共建国家主要包括乌兹别克斯坦、尼泊尔、吉尔吉斯斯坦、土库曼斯坦、波黑、蒙古国、阿尔巴尼亚、北马其顿、斯洛文尼亚、不丹等国家，这类国家或深居亚欧大陆内部，气候相对干旱，水–热–土等农业生产条件配合欠佳；或境内以山地为主，平地较少，耕地破碎度高，农业规模化生产面临的制约性较强。未来要实现人地关系平衡发展，对于内陆国家而言，在稳定畜牧业生产基础上，可以因地制宜地改善农业生产的水利条件，适当发展灌溉农业。同时改善农作物生产结构，稳定并适度增加热量含量较高的谷物种植面积，保障基本口粮需求。对于多山且耕地资源有限的国家而言，可以加强农业技术改造，开展土地整治和后备耕地资源挖掘工作，为农业规模化生产提供较好基础，促进食物产量增加，实现人地关系改善。

表 8-3 临界超载型共建国家资源概况表

| 区域 | 国别 | 人口/万人 | 耕地面积/km² | 水资源量/亿 m³ |
|---|---|---|---|---|
| 中亚地区 | 吉尔吉斯斯坦 | 630.40 | 12880 | 43.43 |
| 南亚地区 | 尼泊尔 | 2809.57 | 21137 | 198.01 |
| 东南亚地区 | 印度尼西亚 | 26767.05 | 263000 | 2050.42 |
| 东南亚地区 | 菲律宾 | 10665.14 | 55900 | 377.52 |
| 中东欧地区 | 波黑 | 332.39 | 10290 | 26.46 |
| 南亚地区 | 印度 | 135264.23 | 1563170 | 1141.04 |
| 中亚地区 | 土库曼斯坦 | 585.09 | 19400 | 1.20 |
| 南亚地区 | 孟加拉国 | 16137.67 | 77723 | 216.96 |
| 中亚地区 | 乌兹别克斯坦 | 3247.62 | 40198 | 21.84 |
| 南亚地区 | 巴基斯坦 | 21222.83 | 305070 | 189.36 |
| 中东欧地区 | 阿尔巴尼亚 | 288.27 | 6113 | 22.82 |
| 西亚及中东地区 | 伊朗 | 8180.02 | 155810 | 125.08 |

人口–资源约束型为伊朗。一方面，该国家人口数量相对较多，在 8000 万～1 亿人之间，人口规模所带来的食物需求压力较大；另一方面，该国家气候相对干旱，天然降水资源有限，沙漠分布较广，农业生产对灌溉条件的依赖性较强。未来要实现人地关系平衡发展，在合理控制人口规模的同时，需要农业基础设施投入并加强农业技术，努力实现改善农业灌溉条件和发展节水农业协同发展，进一步改善食物生产能力。同时，需要通过适当的进口，以保障食物供应，避免水土地资源过度开发。

**2. 土地超载型**

土地资源评价结果显示，丝路有 24 个共建国家土地资源超载，这类国家存在较为明显的食物供需缺口，仅仅依靠自身生产难以满足域内人口食物需求，土地资源面临较大压力，需要通过提升国内食物供给能力和开展食物进口两种方式实现食物供给水平改善，实现人地关系相对平衡（表 8-4）。这类国家人口规模相对较小，依据其农业生产条件的差异性，大致可以分为水资源约束型、耕地资源约束型和人口压力型。

水资源约束型主要是西亚及中东地区国家，包括亚美尼亚、叙利亚、以色列、格鲁吉亚、黎巴嫩、沙特阿拉伯、阿曼、伊拉克、约旦、科威特、巴勒斯坦和阿富汗等。这类国家多地地处副热带高压控制的内陆地区，农业生产受气候制约性较强，集中表现为水资源缺乏。由于水资源本底较差，农业生产条件改善的难度较大，短时间内实现食物产量大规模增长的现实性较低。当前，这类国家食物供给多依赖于国际市场，食物供给的稳定性相对较差。未来要改善这类国家食物供给状况，一方面，有条件的国家可以适度发展节水农业，提高国内生产在食物供给中的比重；另一方面，需要实行多元化的食物进口策略，不断拓展食物进口渠道，增强外部供给的稳定性。此外，有资金和技术优势的国家，可以在土地盈余国家开展海外耕地投资，作为外部食物供给的来源之一。

表 8-4 土地超载型共建国家资源概况表

| 区域 | 国别 | 人口/万人 | 耕地面积/km² | 水资源量/亿 m³ |
| --- | --- | --- | --- | --- |
| 中蒙俄地区 | 蒙古国 | 317.02 | 13274 | 42.85 |
| 南亚地区 | 不丹 | 75.44 | 940 | 75.35 |
| 中东欧地区 | 斯洛文尼亚 | 207.78 | 1818 | 14.10 |
| 西亚及中东地区 | 阿塞拜疆 | 994.95 | 20979 | 9.82 |
| 中东欧地区 | 北马其顿 | 208.30 | 4180 | 6.68 |
| 南亚地区 | 斯里兰卡 | 2122.88 | 13716 | 64.60 |
| 西亚及中东地区 | 埃及 | 9842.36 | 29110 | 0.55 |
| 中亚地区 | 塔吉克斯坦 | 910.08 | 7018 | 73.19 |
| 西亚及中东地区 | 亚美尼亚 | 295.17 | 4456 | 7.91 |
| 西亚及中东地区 | 叙利亚 | 1694.51 | 46620 | 7.91 |
| 西亚及中东地区 | 以色列 | 838.15 | 3835 | 0.71 |
| 东南亚地区 | 东帝汶 | 126.80 | 1550 | 7.73 |
| 东南亚地区 | 马来西亚 | 3152.80 | 8260 | 490.33 |
| 西亚及中东地区 | 格鲁吉亚 | 400.29 | 3110 | 52.75 |
| 南亚地区 | 阿富汗 | 3717.19 | 77940 | 128.85 |
| 中东欧地区 | 黑山 | 62.78 | 92 | 9.02 |
| 西亚及中东地区 | 黎巴嫩 | 685.94 | 1320 | 5.37 |
| 西亚及中东地区 | 沙特阿拉伯 | 3370.28 | 34410 | 2.04 |
| 西亚及中东地区 | 阿曼 | 482.95 | 767 | 0.55 |
| 西亚及中东地区 | 伊拉克 | 3843.36 | 50000 | 48.44 |
| 西亚及中东地区 | 约旦 | 996.53 | 2010 | 0.84 |
| 西亚及中东地区 | 科威特 | 413.73 | 80 | 0.00 |
| 东南亚地区 | 文莱 | 42.90 | 40 | 11.17 |
| 西亚及中东地区 | 巴勒斯坦 | 486.30 | 870 | 0.31 |

耕地资源约束型主要是东南亚岛屿国家，包括东帝汶和文莱，这两个国家国土面积有限，耕地资源稀缺，食物生产能力极为有限，未来改善土地资源承载力主要依赖于国际市场，需要建立与主要食物生产国家稳定的食物贸易关系，以稳定国内食物供给。

人口压力型主要是马来西亚，该国家人口持续保持较快增速，2015 年已越过 3000 万人关口，到 2018 年人口数量超过 3200 万人，呈现较快的增长势头。1995～2018 年土地资源承载指数也有明显上升，土地资源承载压力不断增大。鉴于该国农业生产的气候条件较好，食物生产能力改善空间也较大。就当前的农业生产结构而言，该国作为全球主要的橡胶和棕榈油生产和出口国之一，棕榈树种植面积占全国耕地一半以上，这实质

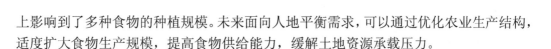

上影响到了多种食物的种植规模。未来面向人地平衡需求，可以通过优化农业生产结构，适度扩大食物生产规模，提高食物供给能力，缓解土地资源承载压力。

### 3. 严重超载型

土地资源评价结果显示，马尔代夫、卡塔尔、也门、阿联酋 4 国土地资源严重超载，其中马尔代夫为岛屿国家，卡塔尔、也门为半岛国家，阿联酋为沿海国家（表 8-5）。食物生产规模极为有限，但考虑到这类国人口数量较少，食物供给可主要通过国际贸易和国际援助等外部供应方式加以解决。

表 8-5　严重超载型共建国家资源概况表

| 区域 | 国别 | 人口/万人 | 耕地面积/km² | 水资源量/亿 m³ |
|---|---|---|---|---|
| 西亚及中东地区 | 阿联酋 | 963.10 | 3200 | 0.10 |
| 西亚及中东地区 | 也门 | 2849.87 | 11670 | 0.80 |
| 西亚及中东地区 | 卡塔尔 | 278.17 | 2800 | 0.00 |
| 南亚地区 | 马尔代夫 | 51.57 | 39 | 0.16 |

马尔代夫为耕地资源约束型国家，其拥有丰富的海洋资源，有各种热带鱼类，渔业是马尔代夫的传统经济产业。马尔代夫土地资源十分匮乏，全国耕地面积仅有 39hm²，椰子等经济作物在农业生产中占有重要地位，农业结构单一，粮食及其他蔬菜、水果、肉类、蛋类、奶制品全部依赖进口。

卡塔尔、也门和阿联酋为水资源和耕地资源约束型国家，其中卡塔尔属于热带沙漠气候，水资源严重短缺，因此农业和牧业的发展条件较差，产出较少，导致卡塔尔农牧产品不能自给，全国没有天然可耕地。粮食、蔬菜、肉类主要依靠进口，只有鱼、虾类海产品产量可基本满足本国需求。而也门由于水资源紧缺，主要依靠地下水，由于过度开采地下水，水资源紧张的趋势进一步加剧（中国驻也门大使馆经济商务参赞处，2014）。其主要农产品为棉花、咖啡、芝麻、烟草等经济作物，虽然也有谷物、玉米、大麦、豆类等粮食作物生产，但达不到自给水平。阿联酋相对卡塔尔和也门来说，耕地资源略微丰富，全国耕地面积达 3200hm²，已耕地面积约占 84%。其主要农产品为椰枣、柠檬和蔬菜等，粮食作物生产种类较少，畜牧业规模小，农产品严重依赖进口。

对于马尔代夫、卡塔尔和也门三个国家，耕地资源非常有限，可与农业发达国家进行农业技术合作，引进高新农业技术，采用农场大棚来进行蔬菜种植，利用种子栽培、节水灌溉等技术来扩大高新农业的生产规模，而粮食作物和肉蛋奶等农业产品则可通过与丝路共建地区农业出口大国建立稳固的食物贸易链来保证粮食供应，满足国内人口消费需求。阿联酋相对而言具有一定的耕地规模，通过宏观政策调整鼓励适度发展粮食种植，增强粮食自我供给能力和水平，满足国内的粮食需求。

# 主要参考文献

陈百明. 1991. 中国土地资源生产能力及人口承载量研究. 北京: 中国人民大学出版社.

陈百明. 2001. 中国农业资源综合生产能力与人口承载能力. 北京: 气象出版社.

陈成忠, 林振山. 2008. 生态足迹模型的争论与发展. 生态学报, 28(12): 6252-6263.

陈念平. 1989. 土地资源承载力若干问题浅析. 自然资源学报, 1989(4): 371-380.

程国栋. 2003. 虚拟水–中国水资源安全战略的新思路. 中国科学院院刊, 18(4): 260-265.

党安荣, 阎守邕, 吴宏歧, 等. 2000. 基于 GIS 的中国土地生产潜力研究. 生态学报, 20(6): 910-915.

邓根云, 冯雪华. 1980. 我国光温资源与气候生产潜力. 自然资源, 1980(4): 11-16.

邓伟. 2009. 重建规划的前瞻性: 基于资源环境承载力的布局. 中国科学院院刊, 24(1): 28-33.

樊杰, 王亚飞, 汤青, 等. 2015. 全国资源环境承载能力监测预警(2014 版)学术思路与总体技术流程. 地理科学, 35(1): 1-10.

樊杰, 周侃, 王亚飞. 2017. 全国资源环境承载能力预警(2016版)的基点和技术方法进展. 地理科学进展, 36(3): 266-276.

封志明. 1993. 土地承载力研究的起源与发展. 资源科学, 15(6): 74-79.

封志明. 2004. 资源科学导论. 北京: 科学出版社.

封志明, 杨艳昭, 江东, 等. 2016. 自然资源资产负债表编制与资源环境承载力评价. 生态学报, 36(22): 7140-7145.

封志明, 杨艳昭, 闫慧敏, 等. 2017. 百年来的资源环境承载力研究: 从理论到实践. 资源科学, 39(3): 379-395.

封志明, 杨艳昭, 张晶. 2008. 中国基于人粮关系的土地资源承载力研究: 从分县到全国. 自然资源学报, 23(5): 865-875.

高吉喜. 2001. 可持续发展理论探索-生态承载力理论、方法与应用. 北京: 中国环境科学出版社.

高晓路, 陈田, 樊杰. 2010. 汶川地震灾后重建地区的人口容量分析. 地理学报, 65(2): 164-176.

郭志伟. 2008. 北京市土地资源承载力综合评价研究. 城市发展研究, 86(5): 24-30.

郝庆, 封志明, 杨艳昭, 等. 2019. 西藏土地资源承载力的现实与未来——基于膳食营养当量分析. 自然资源学报, 34(5): 911-920.

和音. 2022. 造福沿途各国人民的大事业. 人民日报, 2022-09-09(003).

侯光良. 1986. 关于我国作物气候生产力估算问题的初步探讨. 见: 全国农业气候资源和农业气候区划研究协作组(eds). 中国农业气候资源和农业气候区划论文集. 北京: 气象出版社. 197-203.

黄秉维. 1985. 中国农业生产潜力－光合潜力. 见: 中国科学院地理研究所(eds). 地理集刊(17)-农业生产潜力. 北京: 科学出版社.

蓝丁丁, 韦素琼, 陈志强. 2007. 城市土地资源承载力初步研究——以福州市为例. 沈阳师范大学学报(自然科学版), No.76(2): 252-256.

蓝盛芳, 钦佩. 2001. 生态系统的能值分析. 应用生态学报, 12(1): 129-131.

蓝盛芳, 钦佩, 陆宏芳. 2002. 生态经济系统能值分析. 北京: 化学工业出版社.

李富佳, 董锁成, 原琳娜, 等. 2016. "一带一路"农业战略格局及对策. 中国科学院院刊, 31(6): 678-688.

李继由. 1980. 我国不同地区的作物光合生产潜力的估算. 农业气象, 1(4): 10-13

李明月. 2005. 生态足迹分析模型假设条件的缺陷浅析. 中国人口资源与环境, 15(2): 129-131.

李强, 刘蕾. 2014. 基于要素指数法的皖江城市带土地资源承载力评价. 地理与地理信息科学, 30(1): 56-59.

李三爱, 居辉, 池宝亮. 2005. 作物生产潜力研究进展. 中国农业气象, 2005(2): 106-111.

李晓勇. 2011. 江汉平原乡村人口可持续发展研究. 武汉: 华中师范大学.

刘宝勤, 封志明, 姚治君. 2006. 虚拟水研究的理论、方法及其主要进展. 资源科学, 28(1): 120-127.

(113).

刘殿生. 1995. 资源与环境综合承载力分析. 环境科学研究, 8(5): 7-12.

刘卫东. 2015. "一带一路"倡议的科学内涵与科学问题. 地理科学进展, 34(5): 538-544.

刘卫东. 2019. 共建绿色丝绸之路: 资源环境基础与社会经济背景. 北京: 商务印书馆.

刘兆德, 虞孝感. 2002. 长江流域相对资源承载力与可持续发展研究. 长江流域资源与环境, 11(1): 10-15.

龙斯玉. 1976. 我国的生理辐射分布及其生产潜力. 气象科技资料, 1976(S1): 49-56.

陆大道, 郭来喜. 1998. 地理学的研究核心——人地关系地域系统——论吴传钧院士的地理学思想与学术贡献. 地理学报, 53(2): 97-105.

陆宏芳, 蓝盛芳, 陈飞鹏, 等. 2004. 农业生态系统能量分析. 应用生态学报, 15(1): 159-162.

陆宏芳, 蓝盛芳, 李谋召, 等. 2000. 农业生态系统能值分析方法研究. 韶关大学学报(自然科学版), 21(4): 74-78.

陆宏芳, 沈善瑞, 陈洁, 等. 2005. 生态经济系统的一种整合评价方法: 能值理论与分析方法. 生态环境, 14(1): 121-126.

马寅初. 1957. 新人口论. 北京: 中国人口出版社.

牟海省, 刘昌明. 1994. 我国城市设置与区域水资源承载力协调研究刍议. 地理学报, 49(4): 338-344.

齐亚彬. 2005. 资源环境承载力研究进展及其主要问题剖析. 中国国土资源经济, (5): 7-11.

施雅风, 曲耀光. 1992. 乌鲁木齐河流域水资源承载力及其合理利用. 北京: 科学出版社.

石玉林, 李立贤, 石竹筠. 1989. 我国土地资源利用的几个战略问题. 自然资源学报, 4(2): 97-105.

宋旭光. 2003. 生态占用测度问题研究. 统计研究, 20(2): 44-47.

孙钰, 李新刚, 姚晓东. 2012. 天津市辖区土地综合承载力研究. 城市发展研究, 19(9): 106-113.

唐华俊, 李哲敏. 2012. 基于中国居民平衡膳食模式的人均粮食需求量研究. 中国农业科学, 45(11): 2315-2327.

唐剑武, 郭怀成, 叶文虎. 1997. 环境承载力及其在环境规划中的初步应用. 中国环境科学, 17(1): 6-9.

万树文, 钦佩, 朱洪光, 等. 2000. 盐城自然保护区两种人工湿地模式评价. 生态学报, 20(5): 759-765.

王浩. 2003. 西北地区水资源合理配置和承载能力研究. 郑州: 黄河水利出版社.

王情, 岳天祥, 卢毅敏, 等. 2010. 中国食物供给能力分析. 地理学报, 65(10): 1229-1240.

王书华, 毛汉英. 2001. 土地综合承载力指标体系设计及评价——中国东部沿海地区案例研究. 自然资源学报, (3): 248-254.

王玮, 闫慧敏, 杨艳昭, 等. 2019. 基于膳食营养需求的西藏县域土地资源承载力评价. 自然资源学报, 34(5): 921-933.

魏胜文, 陈先江, 张岩, 等. 2011. 能值方法与存在问题分析. 草业学报, 20(2): 270-277.

夏军, 朱一中. 2002. 水资源安全的度量: 水资源承载力的研究与挑战. 自然资源学报, 17(3): 262-269.

项学敏, 周笑白, 周集体. 2006. 工业产品虚拟水含量计算方法研究. 大连理工大学学报, 46(2): 179-184.

谢俊奇. 1997. 中国土地资源的食物生产潜力和人口承载潜力研究. 浙江学刊, (2): 41-44.

徐中民, 程国栋. 2000. 运用多目标决策分析技术研究黑河流域中游水资源承载力. 兰州大学学报(自然科学版), 36(2): 122-132.

徐中民, 程国栋, 张志强. 2006. 生态足迹方法的理论解析. 中国人口资源与环境, 16(6): 69-78.

徐中民, 宋晓谕, 程国栋. 2013. 虚拟水战略新论. 冰川冻土, 35(2): 490-495.

徐中民, 张志强, 程国栋. 2000. 甘肃省1998年生态足迹计算与分析. 地理学报, 55(5): 607-616.

薛冰, 李春荣, 任婉侠, 等. 2013. 能值理论在农业生态经济的应用与展望. 生态科学, 32(1): 126-132.

于沪宁, 赵丰收. 1982. 光热资源和农作物的光热生产潜力——以河北省滦城县为例. 气象学报, 40(3): 327-334.

余霜, 李光. 2010. 土地承载力研究进展. 湖北经济学院学报(人文社会科学版), 7(2): 91-92.

张超, 杨艳昭, 封志明, 等. 2022. 基于人粮关系的"一带一路"共建国家土地资源承载力时空格局研究. 自然资源学报, 37(3): 616-626.

张芳怡, 濮励杰, 张健. 2006. 基于能值分析理论的生态足迹模型及应用-以江苏省为例. 自然资源学报, 21(4): 653-660.

张林波, 李文华, 刘孝富, 等. 2009. 承载力理论的起源、发展与展望. 生态学报, 29(2): 878-888.

张耀辉, 蓝盛芳. 1997. 自然资源评价的多角度透视. 农业现代化研究, 18(6): 349-351.

张志强, 徐中民, 程国栋. 2000. 生态足迹的概念及计算模型. 生态经济, (10): 8-10.

郑振源. 1996. 中国土地的人口承载潜力研究. 中国土地科学, 10(4): 33-38.

中国驻也门大使馆经济商务参赞处. 2014. 对外投资合作国别(地区)指南——也门. 北京: 商务出版社.

朱启荣, 袁其刚. 2014. 中国工业出口贸易中的灰色虚拟水及其政策含义. 世界经济研究, (8): 42-53.

祝秀芝, 李宪文, 贾克敬, 等. 2014. 上海市土地综合承载力的系统动力学研究. 中国土地科学, 28(2): 90-96.

Allan J A. 1993. Fortunately there rre substitutes for water otherwise our hydro-political futures would be impossible. Southampton: Proceedings of the Conference on Priorities for Water Resources Allocation and Management.

Allan J A. 1995. Water deficits and management options in arid regions with special reference to the Middle East and North Africa. Ruwi: Sultanate of Oman International Conference on Water Resources Management in Arid Countries.

Allan J A. 1998a. Moving water to satisfy uneven global needs: Trading water as an alternative to engineering it. ICID Journal, 47(2): 1-8.

Allan J A. 1998b. Virtual water: A strategic resource global solutions to regional deficits. Groundwater, 36(4): 545-546.

Allan W. 1949. Studies in African land usage in Northern Rhodesia. Cape Town: Oxford University Press.

Arrow K, Bolin B, Costanza R, et al. 1995. Economic growth, carrying capacity, and the environment. Science, 268(5210): 520-521.

Baruer D P, Steele T D, Erson R D. 1978. Analysis of waste-load assimilative capacity of the Yampa River, Steamboat Springs to Hayden, Routt County, Colorado. Water-Resources Investigations Report 77- 119. US Geological Survey, Water Resources Division.

Bishop A B. 1974. Carrying capacity in regional environmental management. Washington, DC, USA: United States Environmental Protection Agency.

Boulding K E. 1966. The economics of the coming spaceship earth// JARRETT H. Environmental Quality Issues in a Growing Economy. Baltimore, MD, USA: Johns Hopkins University Press.

Brinson M M, Bradshaw H D, Kane E S. 1984. Nutrient assimilative capacity of an alluvial floodplain swamp. Journal of Applied Ecology, 1041-1057.

Brown L R. 1995. Who Will Feed China? Wake-up call for a Small Planet. London: W. W. Norton & Company.

Brown M T, Odem H T, Tiley D R, et al. 2003. Emergy synthesis 2: Theory and applications of the emergy methodology. Gainesville: University of Florida.

Brush S B. 1975. The concept of carrying capacity for systems of shifting cultivation. American Anthropologist, 77(4): 799-811.

California Office of State Engineer. 1886. Irrigation development: History, customs, laws, and administrative systems relating to irrigation, water-courses, and waters in France, Italy, and Spain: State Office, James J. Ayers, Superintendent State Print.

Cairns J R J. 1977. Aquatic ecosystem assimilative capacity. Fisheries, 2(2): 5-7.

Carins J R J. 1999. Assimilative capacity—The key to sustainable use of the planet. Journal of Aquatic Ecosystem Stress and Recovery, 6(4): 259-263.

Chen Z, Chen J, Shi P, et al. 2003. An IHS-based change detection approach for assessment of urban

expansion impact on arable land loss in China. International Journal of Remote Sensing, 24(6): 1353.

Chidumayo E N. 1987. A shifting cultivation land use system under population pressure in Zambia. Agroforestry Systems, 5(1): 15-25.

Clarke A L. 2002. Assessing the carrying capacity of the Florida Keys. Population & Environment, 23(4): 405-418.

Cohen J E. 1995. Population growth and earth's human carrying capacity. Science, 269(5222): 341.

Daily G C, Ehrlich P R. 1992. Population, sustainability, and Earth's carrying capacity. BioScience, 42(10): 761-771.

Daly H E. 1990. Carrying capacity as a tool of development policy: The ecuadoran amazon and the Paraguayan Chaco. Ecological Economics, 2(3): 187-195.

Dhondt A A. 1988. Carrying capacity: A confusing concept. Acta Oecologica, 9(4): 337-346.

D'odorico P, Carr J A, Laio F, et al. 2014. Feeding humanity through global food trade. Earth's Future, 2(9): 458-469.

Ehrlich P R, Ehrlish A. 1968. The Population Bomb. San Francisco: Sierra Club/Ballantine Books.

Enrico Borgogno Mondino. 2014. A GIS tool for the land carrying capacity of large solar plants.Energy Procedia, 48(5): 521-526.

Errington P L. 1934. Vulnerability of Bob-White populations to predation. Ecology, 15(2): 110-127.

Errington P L. 1936. Notes on food habits of southern Wisconsin house cats. Journal of Mammalogy, 17(1): 64-65.

Fan J, Zhang Y K. 2012. A preliminary analysis of land resource constraints on urban expansion of Beijing based on land supply and demand. Journal of Resources and Ecology, 3(3): 253-261.

Gabb W M. 1873. On the topography and geology of Santo Domingo. Transactions of the American Philosophical Society, 15(1): 49-259.

Gerland P, Rratery A E, ŠevčíkovÁ H, et al. 2014. World population stabilization unlikely this century. Science, 346(6206): 234-237.

Glacken C J. 1967. Traces on the Rhodian Shore: Nature and culture in western thought from ancient times to the end of the eighteenth century. Berkley, Los Angeles: University of California Press.

Godwin W. 1820. Of Population: An enquiry concerning the power of increase in the numbers of mankind, Being an answer to Mr. Malthus's essay on that subject. London: Longman, Hurst, Rees, Orme & Brown.

Goldberg E D. 1979. Assimilative capacity of US coastal waters for pollutants: Overview and summary. WA: NOAA Working Paper.

Griffin D R. 1936. Stomach contents of Atlantic harbor seals. Journal of Mammalogy, 17(1): 65-66.

Hadwen I A S, Palmer L J. 1922. Reindeer in Alaska. Washington: Government Printing Office.

Hardin G. 1976. Carrying capacity as an ethical concept. Soundings, 59(1): 120-137.

Hardin G. 1986. Cultural carrying capacity: A biological approach to human problems. BioScience, 36(9): 599-606.

Higgins G M, Kassam A H, Nniken L, et al. 1982. Potential population supporting capacities of lands in the developing world. Roma, Italia: Food and Agriculture Organization of the United Nations(FAO).

Hoekstra A Y, Hung P Q. 2002. Virtual Water Trade: A quantification of virtual water flows between nations in relation to international crop trade. IHE Delft: Value of Water Research Report Series(No.11).

Hole C D. 1937. Thesis on grazing survey of private lands of eastern oregon carrying capacity estimates. School of Forestry, Oregon State Agricultural College.

Huang S L, Chen C W. 1999. A system dynamics approach to the simulation of urban sustainability. WIT Transactions on Ecology and the Environment, 34: 15-24.

Huang S L, Lai H Y, Lee C L. 2001. Emergy hierarchy and urban landscape system. Landscape and Urban Planning, 53(1-4): 145-161.

Jack R L. 1895. Artesian water in the western interior of Queensland. Queensland, Australia: Department of

Mines.

Kennedy D, Norman C. 2005. What don't we know? Science, 309(5731): 75.

Knox P L .1994. Urbanization: An introduction to urban geography. Prentice-Hall.

Leopold A. 1933. Game Management. New York: Charles Scribner's Sons.

Leopold A. 1941. The river of the mother of god: And other essays by Aldo Leopold. Madison: University of Wisconsin Press.

Leopold A. 1943. Wildlife in american culture. The Journal of Wildlife Management, 7(1): 1-6.

Lindberg K, Mccool S, Stankey G. 1997. Rethinking carrying capacity. Annals of Tourism Research, 24(2): 461-465.

Lu H F, Lan S F, Chen F P, et al. 2002. Emergy study on dike-pond eco-agricultural engineering modes. Transactions of the CSAE, 18(5): 145-150.

Lu H F, Ye Z, Zhao X F, et al. 2003.A new emergy index for urban sustainable development. Acta Ecologic Sinica, 23(7): 1363-1368.

Lutz W, Sanderson W, Sscherbov S. 1997. Doubling of world population unlikely. Nature, 387(6635): 803-805.

Mcleod S R. 1997. Is the concept of carrying capacity useful in variable environments? Oikos, 79(3): 529-542.

Millington R, Gifford R. 1973. Energy and How We Live. Committee for Man and Biosphere.

Odum E P, Odum H T. 1953. Fundamentals of Ecology. Philadephie: Saunders.

Odum H T. 1983. Self-organization, transformity and information. Science, 242(4882): 1132-1139.

Odum H T, Doherty S J, Scatena F N, et al. 2000. Emergy evaluation of reforestation alternatives in Puerto Rico. Forest Science, 46(4): 521-530.

Odum H T, Odum E C. 1981. Emergy basis for man and nature. New York: McGraw-Hill.

Odum H T, Odum E C, Blissett M. 1987. Ecology and economy: Emergy analysis and public policy in Texas. Policy Research Project Report, 78: 1-178.

Pauly D, Christensen V. 1995. Primary production required to sustain global fisheries. Nature, 374(6519): 255.

Pearce D. 1976. The limits of cost-benefit analysis as a guide to environmental policy. Kyklos, 29(1): 97-112.

Pfaundler L. 1902. Die Weltwirtschaft im Lichte der Physik. Deutsche Revue, 22(2): 171-182.

Portmann J E, Lloyd R. 1986. Safe use of the assimilative capacity of the marine environment for waste disposal—Is it feasible? Water Science and Technology, 18(4/5): 233-244.

Pravdić V. 1985. Environmental capacity—Is a new scientific concept acceptable as a strategy to combat marine pollution? Marine Pollution Bulletin, 16(7): 295-296.

Price D. 1999. Carrying capacity reconsidered. Population and Environment, 21(1): 5-26.

Rees W E. 1992. Ecological footprints and appropriated carrying capacity: What urban economics leaves out. Environment and Urbanization, 4(2): 121-130.

Rees W E. 1996. Revisiting carrying capacity: Area-based indicators of sustainability. Population and Environment, 17(3): 195-215.

Rees W E. 2000. Eco-footprint analysis: Merits and brickbats. Ecological Economics, 32(3): 371-374.

Roughgarden J. 1979. Theory of population genetics and evolutionary ecology: An introduction. New York: Macmillan.

Sayre N F. 2008. The genesis, history, and limits of carrying capacity. Annals of the Association of American Geographers, 98(1): 120-134.

Scarnecchia D L. 1990. Concepts of carrying capacity and substitution ratios: A systems viewpoint. Journal of Range Management, 43(6): 553-555.

Seidl I, Tisdell C A. 1999. Carrying capacity reconsidered: From Malthus' population theory to cultural carrying capacity. Ecological Economics, 31(3): 395-408.

Stebbing A. 1992. Environmental capacity and the precautionary principle. Marine Pollution Bulletin, 24(6):

287-295.

Stokstad E. 2005. Will Malthus continue to be wrong? Science, 309(5731): 102.

Storm E V. 1920. Carrying capacity studies of Cattle Range. Corvallis, Oregon, US: Oregon State University.

Street J M. 1969. An evaluation of the concept of carrying capacity. The Professional Geographer, 21(2): 104-107.

Sui C H, Lan S F. 1999. Principle and measure of urban ecosystem EMA. Chongqing Environmental Sciences, 21(2): 13-15.

Taylor D R, Aarssen L W, Loehle C. 1990. On the relationship between r/k selection and environmental carrying capacity: A new habitat templet for plant life history strategies. Oikos, 58(2): 239-250.

Thomson G M. 1886. Acclimatization in New Zealan. Science, 8(197): 426-430.

Tilley D R, Swank W T. 2003. Emergy-based environmental systems assessment of a multi-purpose temperate mixed-forest watershed of the southern Appalachian Mountains, USA. Journal of Environmental Management, 69(3): 213-227.

UNESCO, FAO. 1986. Carrying capacity assessment with a pilot study of Kenya: A resource accounting methodology for sustainable development. Paris and Rome: United Nations Educational, Scientific and Cultural Organization and Food and Agriculture Organization.

United Nations. 2015. World Population Prospects: The 2015 Revision. Population Division of the Department of Economic and Social Affairs, United Nations.

United States Department of Agriculture(USDA). 1907. Yearbook of the United States Department of Agriculture 1906. Washington: Government Printing Office.

Valentine K A. 1947. Distance from water as a factor in grazing capacity of rangeland. Journal of Forestry, 45(10): 749-754.

Vogt W. 1948. Road to Survival. New York: William Sloan.

Wackernagel M, Rees W. 1998. Our ecological footprint: Reducing human impact on the Earth. Gabriola Island, BC: New Society Publishers.

Walter W. 2019. Food in the Anthropocene: the EAT-Lancet Commission on healthy diets from sustainable food systems. The Lancet Commissions.

Weiland U, Richter M, Kasperidus H D. 2005. Environmental management and planning in urban regions—Are there differences between growth and shrinkage? WIT Transactions on Ecology and the Environment, 84: 441-450.